Frederick Soddy

Wegbereiter einer naturwissenschaftlichen Ökonomie

Speak the truth though the heavens fall – Frederick Soddy, 1935

Helmut Federmann, Philipp Kapp

Frederick Soddy

Wegbereiter einer naturwissenschaftlichen Ökonomie

Mit der deutschen Fassung
seiner Schrift ›Cartesian Economics‹

isotope
media

ISOTOPE Media, Inh. Philipp Kapp
Erbacher Str. 51 • 64380 Roßdorf
isotopemedia.net

Autor und Verlag sind für Hinweise und Meinungen dankbar.
Bitte wenden Sie sich diesbezüglich an: verlag@isotopemedia.net

ISBN
Hardcover 978-3-9822735-4-9
Paperback 978-3-9822735-5-6
e-Book 978-3-9822735-6-3

Umschlaggestaltung: ISOTOPE Media, unter Verwendung einer Portrait-Fotographie der Royal Society, ©University of Glasgow
Fotographie auf S. 14: ©University of Glasgow Archives, GB 248 UP1/503/1
Lektorat, Korrektorat & Satz: ISOTOPE Media
Druck & Vertrieb: tredition GmbH, Halenreie 40-44, 22359 Hamburg

Bibliografische Information der Deutschen Nationalbibliothek:
Die Deutsche Nationalbibliothek verzeichnet dieses Werk in der Deutschen Nationalbibliografie; detaillierte bibliografische Daten sind im Internet abrufbar über http://dnb.d-nb.de

Vorwort

Der englische Chemieprofessor und Nobelpreisträger des Jahres 1921, Frederick Soddy, kann als einer der wichtigsten Vordenker der heutigen Ökologischen Ökonomie angesehen werden. Seine Biographie weist ihn als eine vielseitig interessierte Persönlichkeit aus und er ist damit prädestiniert, ihn als einen „Wanderer zwischen den Welten der Wissenschaften" zu charakterisieren. Als solcher tritt er mit dem Anspruch an die Wirtschaftswissenschaft heran, eine naturwissenschaftliche Grundlage zu finden: *„Soddy war wahrhaftig ein Pionier für die Ökologische Ökonomik, das ‚Mittelstück zwischen dem Elektron und der Seele'.*[1] *Anders als die Orthodoxe Ökonomik kann die Ökologische Ökonomik stolz darauf sein, einen wirklichen Nobelpreisträger zu ihren Vorfahren zu zählen."*[2]

Die Lebenszeit Frederick Soddys erstreckt sich vom ausgehenden 19. Jahrhundert, seinem Geburtsjahr 1877, bis tief hinein in das 20. Jahrhundert, seinem Todesjahr 1956. Darin wird er Zeitzeuge von vielfältigen Umwälzungen und gleichzeitig Mitwirkender an grundstürzenden Entdeckungen und Veränderungen der zivilisierten Welt. Diese interpretierte er in oftmals visionärer Art, weit über die gedanklichen Grenzen seiner Zeitgenossen hinaus: Herman Daly, einer der bedeutenden Vertreter der Ökologischen Ökonomie, schreibt: *„Soddy was in many ways fifty years ahead of his time."*[3]

Im Gegensatz zu seinen Konzepten in der Ökonomie, sind die Erfolge in seinem Stammgebiet ausreichend honoriert worden: Im Jahr 1921 erhält Soddy für seine bahnbrechenden Forschungsarbeiten über die Eigenschaften chemischer Elemente den Nobelpreis für Chemie. Er erkennt, dass radioaktive Elemente - bei unterschiedlichem Atomgewicht - gleiche chemische Eigenschaften aufweisen und prägt dafür den Begriff „Isotope".

Die Ergebnisse seiner Forschungen an spaltbarem radioaktivem Material - gemeinsam mit Ernest Rutherford sowie William Ramsay - liefern ihm das Wissen und die Kenntnis über das unvorstellbar riesige

---

[1] A.d.V.: Diese Formulierung erschließt sich auf Seite 95 in *Politische Ökonomie als Wissenschaft*

[2] Costanza, R. (2015) S. 39 (Übersetzung d. Verf.)

[3] Daly, H. (1980)

Energiepotential, welches zukünftig der Menschheit zur Verfügung stehen würde. Seine Vorstellungen darüber, in welcher Weise dieses Potential verwendet werden könnte, stürzen ihn persönlich jedoch in tiefe Nachdenklichkeit über Segen und Fluch von Wissenschaft. Die Mitwirkung und die Mitverantwortlichkeit von Wissenschaftlern der Chemie zur Entwicklung chemischer Kampfmittel, führen ihm vor Augen, wozu Ergebnisse wissenschaftlicher Forschung benutzt werden können: In Vorahnung der verheerenden Auswirkungen seiner revolutionär neuen Erkenntnisse durch die Hände verantwortungsloser Menschen, ist Soddy in großer Sorge um die militärische und kriegerische Nutzung dieses Potentials. Seine Abscheu gegenüber der Mitwirkung der chemischen Wissenschaft an der Entwicklung von Kampfstoffen bringt ihn dazu, seine radiochemischen Forschungen einzustellen.

Er befasst sich in den folgenden Jahrzehnten mit der Lösung des von ihm so bezeichneten „Ökonomischen Paradoxon". Damit kennzeichnet er seine Feststellung, dass sich trotz enormen Fortschritten in Wissenschaft und Technik die soziale und wirtschaftliche Situation der größeren Zahl der Bevölkerung nicht grundlegend verbessert. Eine der wesentlichen Ursachen sieht er in einem mangelhaften Finanzsystem.

Frederick Soddy entwickelt eine Sichtweise auf die Wirtschaft, welche aus physikalischen Gesetzmäßigkeiten begründet wird – insbesondere aus den Gesetzen der Thermodynamik. Mit vier Büchern, zwischen 1921 und 1934 geschrieben, setzt Soddy eine idealistisch anmutende Kampagne zur radikalen Umformung der globalen Finanzbeziehungen in Gang. Er wird jedoch im Kreis der etablierten Ökonomie rundheraus als „Spinner" abgelehnt, seine Werke führen bis heute ein Schattendasein.

Das naturwissenschaftliche Gesamtwerk von Soddy liegt ausführlich dokumentiert und publiziert vor – zumindest in englischer Sprache. In solchen Beiträgen wird mitunter auch sein Interesse an ökonomischen Fragen mehr oder weniger detailliert erwähnt. Im besten Fall wird auch auf seine diesbezüglichen schriftlichen Werke hingewiesen. Bisher fehlt jedoch eine umfassende Darstellung dieses bedeutenden Wissenschaftlers in deutscher Sprache.

Dieses Versäumnis soll nunmehr – im 100. Jubiläumsjahr der Verleihung des Nobelpreises in Chemie an Frederick Soddy – nachgeholt werden. Indem wir Soddys Werdegang darstellen, seine wissenschaftlichen

Arbeiten erläutern und vor allem eine ausführliche Darstellung der sozialökonomischen Überlegungen Soddys vorlegen, soll an einen wichtigen Wegbereiter der Ökologischen Ökonomik erinnert werden. Seine wissenschaftliche Selbstisolation in den späteren Lebensjahren bleibt darin nicht unerwähnt.

Soddys eigensinnige Persönlichkeit mag ihm mitunter im Wege gestanden haben; es wäre jedoch die Pflicht der Nachwelt, sich ihr eigenes Bild von ihm zu machen. In einem Nachruf wird er als großer Idealist beschrieben, der für seine Ziele eintrat, auch wenn er dadurch Nachteile erleiden musste. Mit jungen Menschen, seinen Studenten, ging er sehr rücksichtsvoll und freundlich um. Obrigkeiten und machtvollen Institutionen begegnete er stets misstrauisch. Soddy sollte nicht nur als Schöpfer des Begriffs „Isotopie" oder als Verfasser provokativer Schriften zu ökonomischen Fragen in Erinnerung bleiben, sondern als außerordentlich kritischer und freier Geist, der mit wissenschaftlichem Anspruch an die grundlegenden Fragen der Gesellschaft herangeht.

Die erstmalige Übersetzung seines Vortrages CARTESIAN ECONOMICS in deutscher Sprache vervollständigt diesen Versuch, ein zutreffendes Bild über einen bedeutenden Wissenschaftler zu erstellen, dessen Ansichten und Äußerungen auf unser Wirtschaftssystem mitunter nicht unumstritten waren, aber immer noch wertvolle Hinweise auf die Kernproblematik geben können.

Die Verfasser und Übersetzer

Helmut Federmann, Königswinter

Philipp Kapp, Roßdorf

im August 2021

Inhalt

Teil 1
Wanderer zwischen den Welten der Wissenschaften

TEIL 2
KARTESISCHE ÖKONOMIK

in Andenken an

Winifred Beilby Soddy

mit Dankbarkeit unseren Ehefrauen gewidmet

Teil 1

Wanderer zwischen den Welten der Wissenschaften

Frederick Soddy in Glasgow, 1905

Frederick Soddy – Person und Werdegang

Frederick Soddy wird am 2. September 1877 als jüngster Sohn eines Londoner Getreidehändlers in der südenglischen Küstenstadt Eastbourne, Sussex, geboren. Er entstammt einer Familie hugenottischer Auswanderer, die ursprünglich seit Ende des 17. Jahrhunderts in London ansässig waren, bis Soddys Vater seine Familie zwei Jahre vor der Geburt Fredericks nach Eastbourne umzog.

Sein Vater war Benjamin Soddy, ein Getreidehändler, der sich zum Zeitpunkt von Fredericks Geburt mit 56 Jahren schon aus dem Berufsleben in London in eine Teilzeittätigkeit zurückgezogen hatte. Seine Mutter Hannah Soddy (geb. Green), war die zweite Ehefrau des Vaters und hatte in rascher Folge drei Söhne in drei Jahren bekommen. Sie verstarb, als Frederick, ihr vierter Sohn, achtzehn Monate alt war.

Frederick und seine Brüder werden durch ihre Halbschwester erzieherisch betreut; die in dieser offensichtlich undankbaren Aufgabe wenig Herzlichkeit walten lässt – umso mehr wird später die Köchin der Familie als Ausgleich dieser fehlenden Zuneigung erinnert werden, obwohl der junge Forscher bei ersten Experimenten eines Tages fast die Küche abbrennt. Von Seiten der strengen Schwester – dem „Hausdrachen" – erhält Frederick eine religiös-calvinistisch prägende Erziehung. Dies liegt bereits in der Familientradition begründet; in der Soddy-Biografie PIONEER OF THE ATOM[4] wird erwähnt, der Großvater väterlicherseits habe als Missionar in der Südsee gewirkt. Die Familie besucht stets die sonntäglichen Gottesdienste; der nächstältere Bruder wird methodistischer Geistlicher. Auf Frederick hat diese Erziehung einen eher gegenteiligen Effekt, er fühlt sich der Wahrheit und Schönheit verpflichtet.[5] Religionsgemeinschaften kritisiert er als „unwissenschaftlich".

Ein späterer wissenschaftlicher Mitarbeiter Soddys bringt seine persönlichen Erfahrungen in einem Nachruf zum Ausdruck:

> *Seine Methode, den Dingen kompromisslos auf den Grund zu gehen, führte ich auch auf die starken Einflüsse der familiären Erziehung zurück, in der calvinistische Anschauungen von großer Bedeutung waren. Dies*

[4] Howorth, M. (1958) S. 30

[5] Merricks, L. (1996b) S. 12

> *geschah mitunter ohne Rücksicht, möglicherweise die Gefühle anderer Personen zu verletzen. (...) Die Wahrheit, wie sie sich darstellte, war das höchste Gut. Die Form und die Art und Weise, wie sie zum Ausdruck gebracht wurden, spielten keine Rolle, auch unter Inkaufnahme der Verletzung von persönlichen Gefühlen.*[6]

Diese Haltung kommt später auch in den schriftlichen Äußerungen an manchen Stellen zum Vorschein. Mit seiner gelegentlich bissigen Ausdrucksweise erweist er seinen Anliegen zuweilen einen Bärendienst und kann die Leser damit oft genug für seine durchaus berechtigten Forderungen nicht gewinnen. Diese Fähigkeit, pointiert und klar die Worte zu wählen, hat sich Soddy zunächst aufgrund eines Sprachfehlers hart erarbeiten müssen, denn es bereitete ihm in der Kindheit Schwierigkeiten, sich mündlich auszudrücken. Doch kommt ihm seine Leidenschaft für das Lesen und später die breite Kenntnis klassischer Texte beim Schreiben entgegen. Nachdem in den Schuljahren der Jugend auch der Sprachfehler überwunden worden war, kann Soddy als außergewöhnlich belesen und eloquent gelten. Seine klaren und auf den Punkt gebrachten Formulierungen sind später auch der Grund für die bevorzugte Verwendung seiner Texte als Grundlage für fremdsprachliche Ausgaben.

Soddy entwickelt in seiner Persönlichkeit eine ausgeprägte Unabhängigkeit und verabscheut Erörterungen über religiöse Fragen, die sich später auch auf Angelegenheiten sozialer Institutionen im Allgemeinen erstreckt. Dieser Hang zum Individualismus zeigt sich in seiner Jugend zunächst in einer Abneigung aller gängigen Mannschaftssportarten und einer Vorliebe für das Schwimmen auf offener See. In Wales wird er als Student das Bergwandern und Klettern als große Leidenschaft entdecken und eine geradezu abenteuerliche Lust auf Schnee und hohe Felsen bis ins Alter bewahren. Hinzu kommt eine ausgeprägte Reiselust, die ihn zunächst um die Welt, und mit seiner späteren Frau auch durch ganz Europa führen wird. Der in diesem Rahmen mögliche biographische Ausschnitt ist leider zu kurz, um auf alle Facetten einzugehen; der interessierte Leser muss auf die Biographien von Howorth und Merricks verwiesen werden, in denen einigen prägnanten Anekdoten Raum gegeben wird.

---

[6] Fleck, A. (1957)

Schule und Studium

Frederick wird zunächst in den örtlichen Schulen unterrichtet. Er besucht von 1892 bis 1894 das Eastbourne College, wo er von seinem Wissenschaftslehrer R. E. Hughes ermutigt wird, eine Karriere in der Chemie einzuschlagen.

Soddy gelingt es, durch gute Leistungen (unter anderem eine Veröffentlichung des 17-Jährigen über Ammoniak in den Chemical News) sowie die Verbindungen seines Lehrers, an dessen früheren Wirkungsstätten zu studieren: Dem University College von Wales in Aberystwyth sowie der Universität in Oxford. Zudem beginnt Soddys älterer Bruder Tom sein Bachelorstudium in Aberystwyth, was die Zeit dort zu einer der schönsten in Soddys Erinnerungen macht. Hiernach wird er als Senior Undergraduate im Jahre 1895 am Merton College der Universität Oxford aufgenommen und beendet sein Studium 1898 mit einem erstklassigen Abschluss in Chemie. Sein externer Prüfer ist der spätere Nobelpreisträger William Ramsay.

Nach seinem Abschluss bleibt Soddy noch zwei Jahre in Oxford und forscht privat in der synthetischen organischen Chemie. Mit seinem Tutor, einem Deutschen namens Schultz, verbindet ihn in dieser Zeit eine nähere Freundschaft. Er nimmt Frederick mit auf eine Urlaubsreise in den Thüringer Wald und Frederick lernt auf diese Weise ausreichend die deutsche Sprache kennen, um wissenschaftliche Arbeiten, vor allem aus Leipzig, wohin sein enger Freund Harold Cort Carpenter für weitere Studien gezogen ist, zu lesen.

Berufliche Laufbahn in Canada

Durch einen spontanen Entschluss bewirbt Soddy sich auf die vakante Chemie-Professur an der Universität von Toronto, Kanada, und tritt Anfang 1900 eine Schiffsreise dorthin an. Aus verschiedenen Gründen zeigt sich jedoch, dass diese Stelle unpassend ist. Doch kommt es, dass Soddy - eigentlich bereits auf der Rückreise über Montreal - durch günstige Vermittlung die Stelle eines Tutors an der dortigen McGill University annimmt. Er findet in Montreal rasch Unterstützer und Freunde und fühlt sich bald wohl, auch weil er in der wunderbaren Natur seinem Faible für Wassersport und Bergwanderungen frönen kann.

Bis zum Herbst 1900 hatte er sich in seiner Position gut etabliert und war auf den verschiedensten Gebieten tätig geworden. Diese umfassten praktische Vorbereitungen für die Experimente, die theoretische Ausarbeitung der Vorlesungen und die Erstellung eines neuen Kurses zur Gasanalyse. In diesem Rahmen liest Soddy zur Geschichte der Chemie, beginnend beim alten Ägypten und endend bei der Daltonschen Theorie der Atome (der Begriff Atom geht ja bekanntlich auf den griechischen Begriff *atomos,* unteilbar, zurück). Daltons Atomtheorie (von 1803) besagt, dass alle Materie aus Atomen, also unteilbaren und unzerstörbaren Bausteinen, zusammengesetzt sei. Während alle Atome eines Elements identisch seien, bestünden die Unterschiede in den Elementen in Atomen verschiedener Größe und Masse. Aus dieser Perspektive lag bei Soddy eine starke Skepsis entgegen alter, alchemistischer Sichtweisen vor, etwa, dass Elemente ineinander umgewandelt werden könnten (insbesondere die Vorstellung aus Blei Gold machen zu können). Soddy widmet sogar zwei besondere Vorlesungen dem Bereich der Alchemie und den darin entwickelten Vorstellungen zur Transmutation der Elemente. Unter anderem nimmt er an einer öffentlichen Debatte der Physikalischen Fakultät von McGill teil, in der die „Existenz subatomarer Körper" diskutiert wird – wobei Soddy als Chemiker gegen diese Vorstellung und Ernest Rutherford als Physiker dafür argumentiert.

Über diese erste interessante und kontroverse Auseinandersetzung im März 1901 – die Soddy aus Sicht des Publikums gewinnt – lernt er Ernest Rutherford näher kennen, der in McGill die Stelle als Junior-Professor für Physik innehat. Sie überwinden die Differenzen aus der hitzig geführten Diskussion rasch und arbeiten gemeinsam ab Herbst des Jahres 1901 an Untersuchungen im Grenzbereich von Physik und Chemie. Über seine Zeit in Montreal wird berichtet:

> *Die Zusammenarbeit zwischen Rutherford und Soddy war eine glückliche. Rutherford war im Wesentlichen ein Experimentalphysiker mit einer Chemiekenntnis, die man nicht gerade als fundiert bezeichnen würde. Soddy war Chemiker und hatte stets ein gutes Gespür für atomare Konzepte. Obwohl die beiden Männer außergewöhnlich starke Persönlichkeiten waren und es daher leicht möglich gewesen wäre, dass sie nur schwer miteinander auskämen, sorgte die Tatsache, dass sie ihre eigenen experimentellen Arbeiten aus unterschiedlichen Richtungen angegangen waren, für eine bereitwillige und komplementäre Diskussion. Sicherlich hinterließ*

die Zeit ihrer Zusammenarbeit bei Soddy eine Wertschätzung für Rutherford als großen Experimentalphysiker. Die Partnerschaft in Montreal war eine erfreuliche, sowohl aus der Sicht der Beteiligten als auch aus der Sicht der Wissenschaft.[7]

Soddy setzt sich zunächst intensiv mit einem Literaturstudium zum Thema Transmutation auseinander, denn es eröffnet sich für ihn ein faszinierendes Gebiet, alte alchemistische Vorstellungen zu modernisieren und die Atomtheorie Daltons und Newtons zu widerlegen.

Hintergrund war auch, dass im Jahr 1900 der deutsche Physiker Friedrich Ernst Dorn in Halle bereits ein Papier veröffentlichte, in dem er Experimente beschrieb, die einige frühere Arbeiten über Thorium von Ernest Rutherford wiederholten und erweiterten. Dorn verifizierte Rutherfords Beobachtung, dass ein radioaktives Material von Thorium emittiert wird, und entdeckte, dass eine ähnliche Emission von dem Element Radium ausgeht. Zusätzliche Arbeiten von Rutherford und Soddy zeigten, dass dieselbe Emission sowohl von Thorium als auch von Radium ausging, dass es sich um ein Gas handelte und dass es tatsächlich ein neues Element war.[8]

Soddy verlässt im Sommer 1901 Kanada für einige Wochen und hält sich vor allem in England auf. Er ist froh über den engeren Kontakt zu den europäischen Wissenschaftlern. Die räumliche (und damals auch zeitliche) Distanz zu den europäischen Kollegen erschwerte es, in einem hochdynamischen Forschungsgebiet Schritt zu halten.

Zwischen Oktober 1901 und April 1903 entstehen gemeinsame Veröffentlichungen von Rutherford und Soddy zum Thema des radioaktiven Zerfalls. Als sie erstmals am Thorium sowohl eine chemisch abtrennbare Substanz nachweisen können, als auch dessen zugehörige Strahlung, ist Soddy außerordentlich bewegt:

(…) überwältigt von etwas, größer als jede Freude, ich kann es kaum ausdrücken, ein Hochgefühl (…) Ich erinnere mich noch gut, wie ich durch

---

[7] Fleck, A. (1957) S. 205 (Übersetzung d. Verf.)

[8] A.d.V.: Dorn nannte das radioaktive, gasförmige Produkt von Radium einfach „Emanation" und 1904 führte Rutherford den Namen „Radium-Emanation" für dasselbe Material ein. Ramsay schlug später „Niton" vor (lat. nitens, „leuchtend"). 1923 wurde der Name in „Radon" durch ein internationales Gremium geändert. Rutherford kam das Verdienst für die Entdeckung von Radon zu, da er das von Thorium ausgestrahlte Element nachwies und die gasförmige Natur von Radon aufzeigte. Rutherford war auch der erste, der seine eigenen Arbeiten mit denen anderer bezüglich der Atommasse von Radon, seines Spektrums und seiner Position im Periodensystem zusammenführte.

> *die Bedeutung der Sache wie gebannt dastand und es aus mir herausplatzte: ‚Rutherford, das ist Transmutation: Das Thorium zerfällt und wandelt sich in ein Argongas‘.*[9] *(…)*

Rutherfords Antwort nahm typischerweise mehr auf die praktischen Schlussfolgerungen Bezug: *„Um Himmels Willen, Soddy, nennen sie es nicht ‚Transmutation‘. Man wird uns als Alchemisten einen Kopf kürzer machen. Sie wissen doch, wie die Leute sind.“*[10]

Schon 1902 können sie eine neue Theorie des radioaktiven Zerfalls (die Desintegrationstheorie) vorstellen. Diese erklärt Radioaktivität als Ergebnis eines spontanen Zerfalls von radioaktiven Elementen in neue Elemente und schlägt zwei radioaktive Zerfallsreihen vor: Eine mit Uran, welche im Blei endet und eine zweite mit Thorium, welche wiederum im Blei ihr Ende findet. Die jungen Forscher (Rutherford ist 31 Jahre alt, Soddy erst 25) weisen damit nach, dass Atome somit nicht mehr als unteilbar angesehen werden können! Physiker der alten Garde wie Lord Kelvin hatten die Vorstellung, dass sich durch Radioaktivität ein Element in ein anderes umwandeln könnte, abgelehnt und erklärt, dies sei nicht besser als Alchemie.

Im Weiteren weist Rutherford 1903 nach, dass die radioaktive Strahlung in Alpha-, Beta- und Gammastrahlung nach ihrem zunehmenden Durchdringungsvermögen eingeteilt werden kann und führt den Begriff der Halbwertszeit ein. Für diese Arbeiten erhielt er 1908 den Nobelpreis für Chemie, obwohl er von Hause aus Physiker war und der Chemiker in diesem Zweiergespann, Soddy, dabei leer ausging. Diese Tatsache hat Soddy über seinen eigenen Nobelpreis hinaus nie ganz hinnehmen können.

Soddys tiefgründige, philosophische Seite lässt ihn bald schon auf die praktischen Auswirkungen dieser hohen Energie des Atomkerns

---

[9] A.d.V.: Das Originalzitat findet sich in Howorths erster Biographie ATOMIC TRANSMUTATION (1953). Um Argon handelt es sich tatsächlich nicht, dies wurde erst später klar: Die „Emanation“ wurde als Radon identifiziert, dieses tritt in der Zerfallsreihe von Thorium auf und wurde als Vertreter der Argon-Gase identifiziert.

[10] Merricks, L. (1996b) S. 31-32 nach Howorth, M. (1953): *„Rutherford shouted to me, in his breezy manner, ‚For Mike’s sake, Soddy, don’t call it transmutation. They’ll have our heads off as alchemists. You know what they are.‘ After which, he went waltzing round the laboratory, his huge voice booming ‚Onward Christian so-ho-hojers.‘*

spekulieren, die ungleich höher als alle in chemischen, molekularen Reaktionen freigesetzten Energien sein mussten:

> *Das Wissen um diese Energien sollte uns eine Vorstellung davon geben, wie die Erde einem Lagerhaus gleichkommt, bis an die Decke ausgefüllt mit Sprengstoff, dessen Wirkung so unvergleichlich stärker ist, als alles uns bisher Bekannte, nur auf eine auslösende Gelegenheit wartend, um alles ins Chaos zurückzustoßen.*[11]

Er weist im selben Jahr auch schon auf mögliche medizinische Anwendungen radioaktiver Stoffe hin (British Medical Journal) sowie auf den Einsatz in industriellen Fertigungsprozessen.

Interim in London

Rutherford hatte vor, seine Untersuchungen mehr in die physikalische Richtung weiter zu betreiben, sodass Soddy bereits im Herbst 1902 seinen Posten als Demonstrator aufgibt und in Kontakt mit Sir William Ramsay in London trat, den er bereits als Prüfer aus den Studienzeiten in Oxford kannte.

So reist Soddy im Februar 1903 nach England zurück und beginnt mit Ramsay am University College London den spektrographischen Nachweis von Helium aus dem Radiumzerfall zu erforschen. Auch der Nachweis von Radon als Edelgas geht letztlich auf diese Zusammenarbeit zurück.

Unzufrieden mit einigen Aspekten der Arbeit, verlässt Soddy aber schon 1904 London für eine Vortragsreise durch Australien über die Monate Juni und Juli, welche sich praktisch zu einer Weltumfahrung entwickelte; kurz zuvor hatte er eine Stelle in Glasgow zugesichert bekommen. Via Ceylon schifft er sich nach Perth ein. Im Rahmen der Vorbereitung einer Universitätsgründung sind dort diverse Fachgebiete zu Lesungen eingeladen worden. Die Vorträge Soddys zu Chemie und Physik finden begeisterte Aufnahme und werden noch in weiteren sechs Städten unter großem Zuspruch stattfinden. Soddy führt für praktische Demonstrationen eine Reihe von Instrumenten und Versuchsaufbauten mit sich und kann so dem Publikum Themen wie Elektrizität und die

[11] Soddy 1903 in „*Some Recent Advances in Radioactivity*"

Eigenschaften des Radiums näherbringen. Rückblickend kommentierte er mit einem gewissen Erstaunen, dass er dort den Arbeitern der Goldminen Westaustraliens die Radiochemie näherbrachte, während die meisten Universitäten der Welt noch kaum Kontakt mit diesem völlig neuen Forschungsgebiet gehabt hatten.[12]

Die Rückreise tritt Soddy von Adelaide aus an, wo er den Physiker William Henry Bragg (1862–1942) trifft, der zu diesem Zeitpunkt über die Alphastrahlung des Radiums publiziert hatte und wählt einen Stopp auf Neuseeland, um Klettertouren zu unternehmen. Nach seiner Überquerung des Pazifik nach San Francisco hin, wählt er für die Weiterfahrt eine Route über St. Louis, Missouri, um die Weltausstellung zu besuchen. Er erreicht wenig später die Ostküste der USA, um sich nach Eastbourne einzuschiffen, wo er wieder im Hause seines betagten - inzwischen auch nahezu erblindeten - Vaters eintrifft. Dieser lebte nur noch bis 1911 und Frederick Soddy empfand es später als glücklichen Umstand, dass er bei diesem Treffen nicht nur von den vielen Begebenheiten seiner Weltreise erzählen kann, sondern seinem Vater auch für die gewährte Unterstützung während seiner Studienjahre danken konnte. Nun stand eine neue Stelle in Glasgow in Aussicht, mit einer ausreichenden Vergütung, um auf eignen Beinen zu stehen.

Ein wegweisendes Zitat, angesichts der großen Maschinen auf der Weltausstellung, soll noch berücksichtigt sein. Soddy war außerordentlich beeindruckt, ja erschüttert, von den riesigen Stahlkonstruktionen, deren beeindruckender Wirkung man sich nicht entziehen konnte:

> *Ich stand da und fragte mich wie viele andere auch, ob der Mensch aus Fleisch und Blut und mit seiner einzigartigen Geisteskraft nicht Gefahr lief, von diesen kolossalen Schöpfungen seiner Hände Arbeit beherrscht zu werden und deren Spielball zu werden. Zweifellos hatte jede Maschine ihren Nutzen für die Menschheit, aber irgendwie wirkten diese massiven, unbelebten Ungetüme unheimlich und unmenschlich, zumal man in der Mitte der großen Halle eine vierzig Fuß hohe Statue des Gottes Vulkan aus Gusseisen aufgestellt hatte – zweifellos zum Schutz seiner höllischen Maschinen.*[13]

[12] Howorth, M. (1958) S. 142

[13] Merricks, L. (1996b) S. 41 (Übersetzung d. Verf.)

10 Jahre in Glasgow

Im Herbst von 1904 nimmt Soddy die Stelle als Dozent für physikalische Chemie und Radioaktivität an der Universität Glasgow an und bleibt dort bis 1914. Glasgow war als west-schottische Hafenstadt ein wohlhabendes Handels- und Schiffsbauzentrum. Die ehrwürdige Universität wurde 1451 gegründet und ist nach Oxford (1096) und Cambridge (1209) sowie St. Andrews (1413) die viertälteste Hochschule Großbritanniens. Die Stadt war damals aufstrebend, war ein Zentrum der Industriellen Revolution, aber auch der damit einhergehenden sozialen Umwälzungen. Hier begann die schottische Arbeiterbewegung, die Landflucht trug zu dichten und unhygienischen Wohnverhältnissen bei, Alkoholismus und Prostitution griffen um sich. Später war die Stahlindustrie prägend, doch auch diese nahm in den 80er Jahren wieder ab. Noch heute liegt in den ärmeren Vierteln die niedrigste Lebenserwartung in Europa vor, Bandengewalt und Drogen sind immer noch drängende Probleme. Diese Eindrücke sind damals nicht viel anders und werden auch für das ökonomische Programm Soddys prägend sein, wobei sich seine Fragen diesbezüglich nochmals durch den Ersten Weltkrieg in drängender Weise verschärfen.

Rückblickend bezeichnete er die Schaffensperiode in Glasgow als seine produktivste. Er kann sich endlich aus der zweiten Reihe herausarbeiten, die er bislang bei Rutherford und Ramsay eingenommen hatte. Innerhalb kurzer Zeit versammelt er eine Gruppe von zehn Forschungsstudenten um sich, die ihre Arbeit an unterschiedlichen Aspekten seines Schwerpunktes Radiochemie und Atomphysik beginnen. Unter diesen befinden sich auch der aus Wien stammende Friedrich Paneth (1887–1958) und der junge Schotte Alexander Fleck (1889–1968), mit denen ihn eine langjährige Freundschaft verbinden sollte. Fleck nahm später eine Tätigkeit in der chemischen Industrie auf, während Paneth als Direktor des Max-Planck-Instituts für Chemie (Otto-Hahn-Institut) in Mainz die Nachfolge von Fritz Straßmann übernahm.

Soddy musste zunächst einige Hürden bei der Einrichtung seines Labors überwinden, wie er Rutherford einige Monate später schreibt: Das Radium war als Rohstoff für seine Forschungen außerordentlich knapp und konnte nur über internationale Beziehungen, etwa über das Labor Curie in Paris, angeworben werden. Auch wurde er mit der Zeit mehr und mehr in administrative Aufgaben eingebunden, Vorlesungen und praktische Kurse wollten mitgestaltet werden.

Soddy zeigt in Glasgow, dass Uran zu Radium zerfällt und weist nach, dass ein radioaktives Element mehr als eine Atommasse haben kann, obwohl die chemischen Eigenschaften identisch sind. Er nennt dieses Konzept ab 1913 „Isotopie", wofür er wenig später den Nobelpreis erhalten sollte. Über diese Entdeckungen kommt Soddy auch auf die Verschiebungen im Periodensystem der Elemente, indem sich ein Atom bei Alpha-Emission um zwei Stellen in der Ordnungszahl nach unten bewegt, bei Beta-Emission jedoch um eine Stelle nach oben oder unten (wobei zunächst die Bedeutung der Neutronen noch nicht geklärt war). Dies war ein grundlegender Schritt zum Verständnis der Beziehungen zwischen den Familien der radioaktiven Elemente.

1910 wird er zum Fellow der Royal Society gewählt. Soddy war auch ausländisches Mitglied der schwedischen, italienischen und russischen Akademien der Wissenschaften; viele seiner Bücher werden in mehreren russischen Ausgaben veröffentlicht. Im Jahr 1913 wird er zudem mit dem angesehenen Cannizzaro-Preis für seine wichtigen Beiträge zur neuen Chemie ausgezeichnet.

Soddy veröffentlicht über seine Arbeiten in Glasgow die Schriften THE INTERPRETATION OF RADIUM (1909), THE CHEMISTRY OF THE RADIO-ELEMENTS (1911, russische Übersetzung bereits 1913), später THE INTERPRETATION OF THE ATOM (1932). Weitere Hauptschriften aus seinen chemischen Forschungen erscheinen einige Jahre danach mit den Werken THE STORY OF ATOMIC ENERGY (1949) und im ersten biographischen Werk, gemeinsam mit Muriel Howorth, ATOMIC TRANSMUTATION: THE GREATEST DISCOVERY EVER MADE (1953). In seiner 1920 veröffentlichten Vortragssammlung SCIENCE AND LIFE weist er auf die Bedeutung der Isotope bei der Bestimmung des geologischen Alters hin.

Glasgow ist für ihn auch eine Zeit der persönlichen Erfüllung: Im Jahr 1908 heiratet Frederick Soddy Winifred Beilby, die Tochter Sir George Beilbys, eines einflussreichen Chemiefabrikanten. Seine Frau beteiligt sich aktiv an seinen Forschungen über Gammastrahlen und hilft ihm bei seinen Isotopenarbeiten. Frederick war von Beginn an Gast im Hause Beilby gewesen und hatte sich privat eng mit ihnen befreundet. Die Zeit seiner Ehe, die kinderlos blieb, wird als sehr glücklich beschrieben und als Quelle für persönliche Stabilität in seinem Leben: Winifred hatte sich für seine Arbeit begeistert und half ihm bei seinen Forschungen und er unterstützte sie bei ihren Kampagnen für die Rechte der Frauen. Beide Eheleute liebten die Bergwanderungen und Klettertouren.

Der Haushalt der Schwiegereltern stellte in der universitären Umgebung von Glasgow ein kommunikatives Zentrum dar, in dem sich ein Freundeskreis aus Vertretern aller Disziplinen versammelte. Hier setzt sich Soddy auch erstmals intensiv mit neuen soziologischen und politischen Denkrichtungen auseinander. Glasgow war damals ein pulsierendes Sammelbecken für sozialistische Ideen: Die Stadt hat einige der berühmtesten Persönlichkeiten und Gruppierungen der Arbeiterbewegung hervorgebracht, dort entstanden die Sozialistischen Sonntagsschulen und die ILP als Ableger der Arbeiterpartei *Labour* (ILP = *Independent Labour Party* bzw. *Publications*). Schwiegermutter und Tochter der Familie Beilby waren gut vernetzt mit Vertreterinnen der Suffragetten und der Frauenbewegung. Gäste und Freunde des Hauses schließen Margaret Todd (1859–1918) ein, die schottische Ärztin und Schriftstellerin. Sie prägte den Begriff „Isotop" im Jahr 1913 während eines Abendessens mit Soddy. Todd schlug vor, Atome, die sich chemisch nicht unterscheiden, sondern nur physikalisch getrennt werden können, „Isotope" zu nennen, griechisch für „am gleichen Platz" (im Periodensystem). Dieser Begriff wird von Soddy sofort akzeptiert und in seinen Veröffentlichungen verwendet und ist so im Weiteren zum Standard der wissenschaftlichen Nomenklatur geworden.

Sein Schwiegervater war aber auch von großem Einfluss in den Ideen, die Atomkraft als Energiequelle verantwortungsvoll nutzbar zu machen. Beilby hatte sich mit der Endlichkeit der Kohlenvorräte beschäftigt - zu dieser Zeit erschien die dritte Auflage von Jevons THE COAL QUESTION[14] - und war in die Position des Präsidenten der Gesellschaft der Chemischen Industrie gekommen. Hierüber nahm er Einfluss auf Versuche, den sparsameren Einsatz der Kohle zu erreichen.

[14] A.d.V.: Um die Jahrhundertwende schätzten britische Geologen, dass das Land über Kohlereserven von 90 Milliarden Tonnen verfügte. Jevons glaubte, dass der Abbau eines Großteils dieser Menge sich als unwirtschaftlich erweisen würde – aber selbst, wenn die gesamte Menge abgebaut werden könnte, würde ein exponentielles Wirtschaftswachstum nicht ungebremst weitergehen können.

Soddy schreibt 1912 zum Zeitpunkt der britischen Bergarbeiterstreiks für Lohnerhöhungen und bessere Arbeitsbedingungen in MATTER AND ENERGY zum Thema des „Zeitalters der Energie": *„Already, however, science has outgrown such immature jubilation."*[15] und weiter: *„At the moment of writing, employers and employed in that industry are calmly contemplating a complete stoppage while they fight out their differences, (…)."*[16]

In weiteren Abschnitten von MATTER AND ENERGY erschließt sich erstmalig die Erkenntnis, dass es nach dem zweiten Hauptsatz der Thermodynamik (Frage der Entropie[17]) auf die primäre Energiequelle ankommt und sich aus der Abwärme keine nutzbare Energie mehr ziehen lässt. Die Zivilisation wäre somit nach Aufbrauchen jener Primärquellen (fossiler Energieträger) nur noch aus der Sonne und aus der Wasserkraft weiter existent. Von daher sieht Soddy zwar die Hoffnung einer Nutzung der Atomkraft voraus, kann aber noch nicht formulieren, wie dies zu erreichen sei. Auch die Entsorgung des radioaktiven Abfalls stand damals noch nicht als Problem im Raum, eher wurde die im Vergleich zur Kohle vermeidbare Luftverschmutzung als vorteilhaft empfunden.

---

[15] Soddy, F. (1912). S. 15/16, Übersetzung d. Verf.: *„Doch schon jetzt ist die Wissenschaft über solch unreifen Jubel hinausgewachsen. Dass dies noch das Zeitalter der Kohleenergie ist, ist leider nur zu wahr, und die ganze Erde wird dadurch umso schmutziger gemacht. Außerdem wird das Zeitalter nur so lange andauern, wie der Kohlenvorrat reicht, und danach wird der Endzustand der Gattung schlimmer sein als der Anfangszustand, wenn sie es nicht besser gelernt hat. (...) diese letzten Jahre haben eine wunderbare Revolution in unserem Wissen über Energie und damit in der Zukunftsperspektive der Menschheit bewirkt, die jetzt vollständig mit der Energie verbunden ist. Es ist möglich, sich auf eine Zeit zu freuen, die vielleicht auf die Welt wartet, wenn dieses schmutzige Zeitalter des Brennstoffs so wahrhaftig als ein Anfangsstadium der Energiebeherrschung erscheinen wird, wie die grobe Steinzeit des paläolithischen Menschen jetzt als der Anfang der Materiebeherrschung erscheint. (...) Die Entdeckungen im Zusammenhang mit dem jüngst erforschten Gebiet der Radioaktivität haben die Frage, wie lange die Energieressourcen der Welt noch ausreichen werden, in ein ganz anderes Licht gerückt."*

[16] a.a.O. S. 35, Übersetzung d. Verf.: *„Im Moment des Schreibens, betrachten Arbeitgeber und Arbeitnehmer in dieser Industrie gelassen einen kompletten Stillstand, während sie ihre Differenzen ausfechten, und die Öffentlichkeit erlebt eine vorübergehende Rückkehr zu den ursprünglichen Lebensbedingungen des primitiven Menschen. (...) Die Unwissenheit und Apathie der Alten in Bezug auf die Metalle, deren Beherrschung sie von ihren Vorgängern unterschied, findet ihre Parallele in der heutigen Situation in Bezug auf dieses neue Lebenselixier der Zivilisation. Der Schrecken angesichts einer Verschwendung von Lebensmitteln ist angeboren, der Schrecken angesichts einer Verschwendung von Brennstoffen muss erst noch erworben werden."*

[17] A.d.V.: Für den Zweiten Hauptsatz der Thermodynamik gibt es unterschiedliche Formulierungen, etwa *„Wärme kann nicht von selbst von einem Körper niedriger Temperatur auf einen Körper höherer Temperatur übergehen"* oder *„Alle spontan (in eine Richtung) ablaufenden Prozesse sind irreversibel."*

Wie er in MATTER AND ENERGY schreibt, ist es die weise Nutzung der Energiequellen, die künftig im Vordergrund stehen müsse:

> *Die Welt ist groß genug und reich genug, um menschliche Bestrebungen und Ambitionen jenseits aller derzeitigen Träume zu erfüllen. Aber der menschliche Intellekt muss in seiner Entwicklung mit der aufkommenden Vision des materiellen Überflusses Schritt halten. [Die] Aufgabe [der Wissenschaft] wird in Zukunft nicht darin bestehen, das, was [von der Natur] zur Verfügung gestellt wurde, in guter Verwendung einzusetzen, sondern die Verfügbarkeit dessen, was verbraucht werden soll, sicherzustellen. Der Gedanke an Sparsamkeit und Erhaltung werden unweigerlich die Gedanken von Entwicklung und Fortschritt ersetzen, und die Hoffnungen der Menschheit werden sich auf die zukünftige Entwicklung der Wissenschaft richten (…) Die moderne Wissenschaft jedoch, und ihr Synonym die moderne Zivilisation, erzeugt nichts außer Wissen.*[18]

All diese sozialen, politischen und wissenschaftlichen Aktivitäten befriedigen Soddy zunächst vollauf. Doch musste der Posten in Glasgow alle fünf Jahre neu ausgeschrieben werden und Soddy hatte das Gefühl, im Sommer 1914 nicht nochmals fünf Jahre bleiben zu wollen, er strebte eine Professur an. Da es in Glasgow keine Aussicht auf einen Wechsel gab und ihm die Vorlesungen Jahr für Jahr immer mehr Zeit abverlangten, entschließt er sich, eine Bewerbung an das *Department of Chemistry* an der Aberdeen University zu senden. Diese wird umgehend angenommen und bereits im Januar 1915 kann Soddy zusammen mit seiner Frau dorthin umziehen.

Zeit des 1. Weltkrieges: Aberdeen

Soddy wechselt Ende 1914 mit 37 Jahren als Professor für Chemie auf den Lehrstuhl an der Universität von Aberdeen. An den Mündungen der Flüsse Dee und Don im eher trockenen und kühlen Nordosten Schottlands gelegen, war diese Stadt zu dem eher feuchtwarmen südschottischen Wetter Glasgows eine willkommene Veränderung.

Der Beginn des Ersten Weltkriegs hatte wohl zunächst wenig Einfluss auf das Leben der Soddys, wohl kam es aber schon Anfang 1915 zu deutlichen Preissteigerungen. Darunter fielen auch viele chemische

[18] Soddy, F. (1912)

Reagenzien, die aus Deutschland importiert wurden, was insbesondere nach der Seeblockade ab Februar 1915 fast unmöglich wurde. Auch Glaskolben und vor allem die radioaktiven Substanzen wie das Radium, das immer noch aus dem Labor der Curies in Paris bezogen wurde, waren nicht mehr verfügbar. Außerdem muss Soddy sich, anstatt seine Abteilung auf die Forschung an radioaktiven Elementen auszurichten, zunächst mit dem bereits bestehenden Personal seiner Forschungsgruppe beschäftigen, welches er mit zwei eigenen Studenten ergänzt, und die Vorlesungen für Erstsemester fortsetzen. Dies hindert ihn zunächst daran, wesentliche neue Projekte zu beginnen. Darüber hinaus, so schreibt Merricks, etabliert er einen Laboratoriums-Kurs für Medizinstudenten und führt einen neuen Kurs zur Radioaktivität bereits im Frühjahr 1915 ein. Er kann die Zuhörer mit seinem ureigenen Thema ungemein in den Bann ziehen, wie er auch schon auf seiner Vortragsreise in Australien und an der McGill Universität in Montreal bewiesen hatte.

Da viele der männlichen Studenten eingezogen wurden und obwohl es der Krieg immer schwieriger machte, die Vorlesungen wie auch die allgemeine Forschungstätigkeit aufrechtzuerhalten, brachten diese Umstände doch neue Impulse. Im Falle Soddys mit der Herstellung des Anästhetikums *Novocain* und anderer Schmerzmittel, welche in einem Teil seines Labors in Tag- und Nachtschichten hergestellt wurden. Weitere Anfragen aus dem Militär betrafen Substanzen für einen gasförmigen Kampfstoff und von 1916 bis 1918 ein Forschungsprojekt an einem Alkali-Kessel für einen U-Bootantrieb. Diese Projekte verliefen jedoch zäh und unbefriedigend. Soddy ärgerte sich über die Eingriffe der Admiralität in seine Forschungstätigkeit, die Beanspruchung von Patenten und die schlechte Kommunikation, wie Merricks schreibt. Dies traf auch zu in der Frage nach der Synthese von Senfgas – hier sollte Ethylen aus Kohle und Koksgasen extrahiert werden, was zudem auch noch die wenige Freizeit völlig in Anspruch nahm. Als es hier ebenfalls um Patentrechte schwierig wurde, lässt Soddy frustriert davon ab. Seine Haltung war bereits zu stark geprägt von einer Verantwortlichkeit der Wissenschaft für die richtige Anwendung ihrer Erkenntnisse. Dennoch hatte Soddy sich bis zum Kriegsende noch mit der Erforschung diverser Herstellungsprozesse von Senfgas beschäftigt. Darüber hinaus wollte er eigentlich nicht aktiv für die Rüstungsindustrie arbeiten, sah er doch bereits die große Macht der Atomspaltung voraus: Ungeheure Energiemengen, die wesentlich mehr Zerstörung als bereits die Entdeckung der Nitrate (für Dünger bzw. Sprengstoffe) im Ersten Weltkrieg bringen würden. Dies war durchaus visionär, auch in Anbetracht der Tatsache, dass Soddy in seiner Zeit in Aberdeen zusammen mit J. A. Cranston das Element Nr. 91 entdeckte. Dieses liegt - wie Dmitri Mendelejew schon im Jahre 1871 postulierte - zwischen Uran und Thorium und wird heute Protactinium genannt. Es ist Produkt des Uranisotops der Masse 235 und Vorläufer des Actiniums in der natürlichen radioaktiven Zerfallsreihe.[19] Aus Sicht der Wissenschaftshistorie ist dies interessant, da das Proactinium offiziell 1917 von Otto Hahn und Lise Meitner gefunden wurde, jedoch unabhängig davon und gleichzeitig die Entdeckung auch in England Frederick Soddy und John Arnold Cranston gelang, wobei letztere nicht veröffentlichen konnten, da Cranston 1915 als Soldat in den Ersten Weltkrieg gerufen wurde.

Diese Hindernisse des Krieges für die wissenschaftliche Tätigkeit und die Nutzung der Erkenntnisse in zerstörerischer Weise beschäftigen Soddy. So zitiert Merricks die Reaktion Soddys auf den Tod des ihm aus der Zeit mit Rutherford bekannten, talentierten Forschungsstudenten H. J. Moseley, der im April 1915 an der griechisch-türkischen Front verstarb: *„Ich hatte das Gefühl, dass Regierungen und Politiker oder der Mensch im Allgemeinen nicht in der Lage waren, die Wissenschaft zu nutzen (...).“* Soddy wendet sich von der wissenschaftlichen Forschung ab, um das Versagen der Wissenschaft, der Menschheit nützlich zu sein und Frieden und Überfluss zu bringen, zu ergründen.[20] Bereits 1909, so erwähnt die Biografin Merricks, habe Soddy in einem öffentlichen Vortrag den Vergleich von Radium und Kohle gebracht: Das Radium kann innerhalb eines Jahres durch seinen Zerfall etwa eine zweihundertfünfzigtausendfach größere Energie freisetzen, als die gleiche Menge Kohle. Man könne damit die Armut von der Erde fegen, wenn diese Kräfte in vernünftig gerichteter Weise angewandt würden. Soddy erkennt auch zugleich das enorme, bedrohliche Zerstörungspotenzial, er hält die zeitgenössische

[19] A.d.V.: Das Uranisotop 235 ist durch thermische Neutronen spaltbar und - neben dem äußerst seltenen, aber aus Uran erzeugbaren Plutonium-Isotop 239Pu - damit das einzige natürlich vorkommende Nuklid, mit dem eine selbsterhaltende Kernspaltungs-Kettenreaktion möglich ist. Daher findet es Verwendung als Primärenergieträger in Kernkraftwerken und Kernwaffen.

[20] Merricks, L. (1996b) S. 70

Gesellschaft für zu verantwortungslos, angesichts immer machtvollerer technologischer Entwicklungen. Seine Arbeiten und Aufsätze, die das neue Verständnis der Radioaktivität popularisieren, waren die Hauptinspiration für H. G. Wells' Novelle THE WORLD SET FREE (1914), in der u. a. beschrieben wird, wie Atombomben aus Doppeldeckern abgeworfen werden. Wells' Roman ist auch als THE LAST WAR bekannt und stellt eine friedliche Welt vor, die aber erst aus dem Chaos eines Atomkrieges hervorgeht. Der Roman hat damals noch kein breiteres Publikum finden können, womöglich weil die darin geschilderten Aussichten relativ drastisch und schlaglichtartig dargestellt werden. Schon in seiner Antrittsvorlesung in Aberdeen hatte Soddy THE WORLD SET FREE erwähnt und es als eine seiner prägendsten Leseerfahrungen bezeichnet. Er eröffnete den Studenten der Chemie seine Hoffnungen, dass die Kraft der Atome - in geordneter Weise genutzt - eine große Veränderung im Zustand der Welt ausmachen könnte und wies mit Ernst darauf hin, dass die wissenschaftlichen Erkenntnisse für Gutes und Schlechtes genutzt werden können. Die realen Auswirkungen des Krieges haben seine spätere Hinwendung zu den Fragen der Ökonomie und Soziologie befeuert. Jedoch entstand bis auf das populäre Beispiel THE WORLD SET FREE, welches Wells an Soddy mit dem Hinweis auf dessen INTERPRETATION OF RADIUM widmete, eher wenig Resonanz auf Soddys Vorahnungen.

Soddy schrieb im Jahre 1918 für die Vereinigung des *Labour Representation Committee for Scottish Universities*, eine Gruppierung, zu der er schon während der Zeit in Glasgow Kontakte aufgebaut hatte, einen Artikel namens SCIENTIFIC RESEARCH, in welchem er die gesellschaftlichen Auswirkungen wissenschaftlicher Forschung beleuchtete:

> *All dieser Wohlstandszuwachs hat weder seinen Schöpfern noch der Allgemeinheit genützt (...) Die Wissenschaft ist für die Menschen kaum mehr als ein Nebenwort für Kommerz, Materialismus und Gier, für Millionäre und Elendsviertel, verschmutzte Flüsse, verrauchte Städte und entweihte Landschaften, die wirtschaftliche Ausbeutung der Schwachen, die Konzentration der politischen Macht in den Händen der Korrupten, eine Agentur, die abwechselnd mit den Ängsten und der Gier der Nationen arbeitet, deren schöpferische Verheißung für die Arbeit der Zerstörung prostituiert wird und deren gesamter, durch ihre Ausbeutung angehäufter Reichtum wie ein Wetteinsatz in den Schmelzofen des Krieges geworfen wird (...) Die Hoffnung der Welt ruht auf warmen Herzen und reinen*

> *Händen, auf Herzen, die in Sympathie mit der Arbeiterschaft schlagen, und auf Köpfen, die vom Licht der Wissenschaft erhellt sind, jener Wissenschaft, die, nur im einäugigen Dienst der Wahrheit betrieben, den Menschen dennoch die Macht in die Hand gegeben hat, ihre Schicksale näher an ihren Herzenswunsch heranzuführen.*[21]

Diese Ansicht wird noch verstärkt durch einen ebenso bedeutsamen Leitartikel im *Daily Herald.* Der *Daily Herald* war eine britische Tageszeitung, die von 1912 bis 1964 in London erschien (während des Ersten Weltkriegs nur wöchentlich). Sie wurde im Interesse der Arbeiterbewegung herausgegeben und unterstützte die *Labour Party*. 1964 wurde sie als *The Sun* neu aufgelegt. In seiner Hinwendung zu einem durchaus offen vertretenen Sozialismus bezieht Soddy Stellung in seinem Engagement für die *Labour Party*, auch wenn Soddy diesem eine individuelle Note gibt:

> *Die Ideale, für die die Arbeiterbewegung steht, sind die einzigen, unter denen die weiteren großen Gaben der Wissenschaft der Welt sicher anvertraut werden können. (…) Entweder muss der Individualismus dem Sozialismus und der Kooperation weichen, oder die Wissenschaft muss stillstehen. (…) Das gemeinsame Eigentum an den wissenschaftlichen Errungenschaften ist der einzige Weg des Fortschritts, der einzige Weg, auf dem die Summe des menschlichen Glücks vergrößert werden kann. Deshalb unterstütze ich als wissenschaftlicher Mensch die Bestrebungen der heutigen Arbeiterbewegung: Sie allein steht für ein Ideal, das über dem Schäbigen steht, und bietet einen Ausweg aus dem bösen Erbe der alten unglücklichen Tage.*[22]

Daran wird erkennbar, wie bedeutsam der Aufenthalt in Aberdeen für Soddy war, vielleicht nicht so sehr wegen seiner wissenschaftlichen Tätigkeit, die wohl eher von geringer Bedeutung war, sondern wegen des

---

[21] Zitat aus Merricks, L. (1996b) S. 79: „*All this increment of wealth has not benefitet its creators nor the public at large (...) Science has come to be for the people little better than a bye-word for commercialism, materialism and greed, for millionaires and slums, polluted rivers, smoky cities and desecrated landscapes, the economic submergence of the unfit, concentration of political power in the hands of the corrupt, an agency for working alternativly on the fears and cupidity of nations, its creative promise prostituted to the work of destruction, and the whole of the wealth accumulated by its exploitation flung linke a gambler's stake into the furnace of war (...) The hope of the world rests with warm hearts and clear hands, hearts that beat in sympathy with the mass of its workers, and heads that are illuminated with the light of science, the science which, pursued solely in the single-eyed service of truth, nevertheless has put within the reach of men the power to re-mould their destinies nearer to the hearts desire.*"

[22] ebd. - im Original aus dem Daily Herald am 30 Januar 1920

Wandels in seinen persönlichen und politischen Werten. Diese waren bereits zum Teil durch seine Jahre in Glasgow geformt, aber bis 1914 noch nicht eindeutig vertreten worden.

Die Ereignisse des Weltkrieges und vor allem der Einsatz der Wissenschaft in dessen Verlauf drängen ihn zu einer immer deutlicher formulierten Gesellschaftskritik. Diese nimmt, wie sich bald herausstellt, die Form eines Bekenntnisses zum Sozialismus an. Längerfristig bedeutete dies den Beginn des Wandels von einem respektablen Mitglied des wissenschaftlichen Establishments zu einem Außenseiter und Gesellschaftskritiker. Ein biographischer Bericht eines Kollegen von Soddy schildert, dass dieser sich schon 1906 öffentlich zu fachfremden Fragen äußerte. In einem Vortrag als Präsident der Röntgen-Gesellschaft an der Universität Glasgow zum aktuellen Wissensstand über Radioaktivität hätte Soddy seinem Drang nicht widerstehen können, für seine Gedanken in finanz- und geldpolitischen Angelegenheiten zu werben.

Auch während seiner Zeit an der Universität Aberdeen 1914 wird ihm, aufgrund seiner Äußerungen im Zusammenhang mit der damaligen Emanzipationsbewegung der Frauen, Nähe zum Sozialismus nachgesagt. Ihm war es ein großes Anliegen in seiner Zeit in Aberdeen auch den Studenten und Kollegen etwas von seiner idealistischen und kritischen Beurteilung der Weltlage zu vermitteln. Die über die Jahre dort gehaltenen Vorträge vor den Studenten, aber auch vor Vertretern naturwissenschaftlicher Verbände und ebenso Mitgliedern der *Labour Party,* werden kurz nach Antritt seiner Professur in Oxford als SCIENCE AND LIFE – ABERDEEN ADRESSES veröffentlicht und sind den Studenten der Universität von Aberdeen gewidmet. In ihnen spricht Soddy eine große Bandbreite von Themen an: Fortschritte der chemischen Forschung, dem Verhältnis von Wissenschaft und Staat, der Geisteshaltung in Religion und Wissenschaft und der Erneuerung der universitären Ausbildung, um nur einige zu nennen. Er gibt sich hierin als Wissenschaftsphilosoph zu erkennen – ein erster Ausblick auf seine ganz neue Perspektive, auf die Frage, was Wissenschaft leisten soll und welcher Verantwortung der Wissenschaftler sich stellen sollte.

Oxford, Wiederanschluss an die Studientage

Auch wenn Soddy außerordentlich kritisch mit dem starren, geradezu versteinerten, universitären Betrieb im Königreich war, antwortet der gerade 42-Jährige auf eine Anfrage seiner Alma Mater mit Zuversicht und tritt 1919 in Oxford die Dr. Lee's Professur für Chemie an.

Es waren dort drei nach dem Wissenschaftspionier Matthew Lee (1695–1755) benannte Stiftungsprofessuren neu installiert worden und umfassten Labors für Anatomie sowie für Chemie und Physik am Christ Church College der Universität Oxford. Das Gremium der ‚Electors' hatte den Wunsch ausgesprochen, diese Stelle mit Soddy zu besetzen.

Rutherford hatte inzwischen in den Cavendish Laboratories der Universität Cambridge seine wissenschaftliche Heimat gefunden und Soddy hatte dies im Blick, als er sich für die Professur entschied. Es ging auch darum, wieder mehr Kontakt zur Royal Society in London und dem Zentrum der wissenschaftlichen Forschung aufzunehmen, die er in Schottland vermisst hatte.

Aufgrund der bisherigen Erfolge in Soddys originären wissenschaftlichen Arbeiten, wurden von beiden Seiten einander große Erwartungen an das weitere Schaffen auf dem Gebiet der chemischen Forschung gestellt. Diese erfüllen sich jedoch nicht. Soddy hielt die Professur für Chemie inne, bis er 1936 emeritierte, ohne dass weitere wesentliche Erfolge erreicht wurden. Wie im Folgenden gezeigt werden soll, war dies aus der Sicht seines Stammgebietes eine eher unproduktive Zeit, wohl aber für die Entwicklung weiterer ökonomischer und politischer Gedankengänge entscheidend. Merricks merkt dazu an, dass Soddy sich nie mit dieser Aufteilung seiner Interessen identifizierte, sondern sich als Wissenschaftler durch und durch sah, der sich mit diesem Anspruch und hoher Gewissenhaftigkeit auf die verschiedensten Bereiche des menschlichen Lebens fokussieren konnte und auch die praktische Anwendung stets im Blick hatte.[23]

Paneth, ein früher Weggefährte in der Forschung, nennt dafür Gründe, die er in der Persönlichkeit Soddys erkennt:

Wissenschaft stand nie an erster Stelle im Leben von Soddy. Er hatte ein umfangreiches Interesse an sozialen Themen. Immer wenn er erkannte,

[23] Merricks, L. (1996b)

dass einer Gruppe soziales Unrecht widerfuhr, oder er Ungerechtigkeiten in den sozialen Strukturen fand, kämpfte er kompromisslos für die Beseitigung dieser Zustände. Ich hatte Gelegenheit diese Seite seines Charakters kennen zu lernen, als ich 1913 in Glasgow unter seiner Anleitung die damaligen Methoden der Mikro-Gasanalyse studierte. Er führte mich bei seinen Schwiegereltern ein, um an den freien Sonntagen nicht ganz alleine zu sein. Ich erinnere mich ganz genau daran, wie Soddy in häuslichen Diskussionen für das Selbstbestimmungsrecht der Iren und das Frauenwahlrecht in Irland stritt, die beiden wichtigsten politischen Themen in der damaligen Zeit. Später entwickelte er intensives Interesse für das Gebiet der Politischen Ökonomie.[24]

Sein Gegenpart auf der Dr. Lee's Professur für Physik war der deutschstämmige Frederick Lindemann (1886–1957), der ganz anderen politischen und sozialen Vorstellungen zugetan war als Soddy. Um zu einer friedlichen und stabilen Gesellschaft zu führen, war Lindemann überzeugt, dass ein kleiner Kreis Intellektueller und Aristokraten die Welt regieren sollte, wozu er sogar die Sterilisation von „geistig Inkompetenten" befürwortete. Solche Ansichten, wie auch später die direkte Mitarbeit in der Kriegspolitik Churchills (Lindemann war dessen enger Vertrauter), lagen Soddy fern.

Soweit Lindemann als rechts-konservativ bezeichnet werden kann, wird man Soddy als links-sozialistisch einordnen können. Zwischen diesen beiden Wissenschaftlern kam auch weitere Spannung auf, weil Soddy - aus diversen Gründen - nicht in den Fakultätsvorstand von Oxford berufen wurde, Lindemann später aber schon. Letzterer war eher kompetitiv veranlagt, spielte leidenschaftlich Tennis, während Soddy lieber Wandern und Klettern ging. Lindemann konnte charmant Unterstützung von wohlhabenden und einflussreichen privaten Geldgebern einholen, Soddy nicht - er konnte nicht einsehen, warum allein Fakten und logischer Verstand nicht ausreichen sollten, um Geldmittel anzuwerben.

Obgleich Soddy bald nach seinem Antritt in Oxford den Nobelpreis erhält und allgemein gut aufgenommen wird, ist doch der Beginn dort sehr mühselig. Die Ausstattung, sowohl der Räumlichkeiten als auch im Bereich des Personals, muss außerordentlich dürftig und veraltet

[24] Paneth, F. A. (1957)

gewesen sein. Über diese notwendige Erneuerung hinaus sieht Soddy zunächst Hoffnung in der Möglichkeit, weniger Vorlesungen halten zu müssen und mehr reine Grundlagenforschung betreiben zu können, ohne Berücksichtigung einer möglichen Verwendung für die Kriegsführung. Ab Mitte der 20er Jahre machen sich doch wirtschaftliche Schwierigkeiten bemerkbar, die erst durch einen Zufluss von Mitteln 1928 verbessert werden. Diese können zur Neuerrichtung eines von Soddy im Alleingang geplanten Labortraktes genutzt werden. Dieser war so durchdacht und vorausschauend umgesetzt worden, dass weitere Umbauten erst 1957, kurz nach dem Tode Soddys, vorgenommen werden mussten.

Auch wenn sein wissenschaftlicher Einfluss durch neue Forschungsergebnisse in den 30er Jahren nicht weiter gefestigt werden konnte, so hatten doch seine Schriften Neuauflagen erhalten und waren ins Russische übersetzt worden. Soddys Aufsätze wurden dort schon seit 1903 enthusiastisch aufgenommen und die Übersetzungen wurden durch die klare, eindeutige Sprache dort gut angenommen. H. G. Wells, der sich, wie erwähnt, intensiv mit Soddys Ideen auseinandersetzte, war 1914 nach Moskau und St. Petersburg gereist und hatte Lenin und Gorki getroffen. Soddy und Rutherford wurden 1924 als Korrespondenten in die Wissenschaftsakademie der USSR aufgenommen.

Auch entstanden engere Beziehungen nach Japan durch den Forscher Satoyasu Iimori (1885–1982). Von Oktober 1920 bis Juni 1921 arbeitete dieser im Labor von Frederick Soddy, wobei sich seine Studien auf die Radiochemie und Erforschung von Monazit-Sanden, als Quelle von Thorium, auf Sri Lanka richtete. In Japan übernahm er nach seiner Rückkehr ein eigenes Labor als Chefforscher des RIKEN, nahe Tokio. Es war auch Iimori, der den Begriff Isotop ins Japanische als *Do I Genso* mit der Zeichenfolge 同位元素 (同 = gleich, 位 = Rang, 元素 = Element) übersetzte.

Frustriert von den Bedingungen in Oxford und auch von der Arbeitsweise der Royal Society zieht sich Soddy in den 30er Jahren von weiteren Arbeiten in der Chemie zurück und vertiefte sich sowohl in mathematische Problemstellungen als auch in sozio-ökonomische Studien. Seine berufliche Position in Oxford ist zu diesem Zeitpunkt schon durch diverse Animositäten belastet, wie der spätere Chemieprofessor Lord

Dainton (1914–97) im Vorwort zur Biographie Merricks schildert. Dieser nimmt 1932 ein Chemiestudium in Oxford auf und hört als junger Student - trotz Warnung seines Tutors - mit großer Begeisterung die Vorlesungen Soddys. Dort nimmt er die Freude an der wissenschaftlichen Forschung wahr, die Soddy beflügelte. Auch bemerkt er dessen gradlinigen Charakter und dessen Aufrichtigkeit im Gegensatz zu den abwertenden Aussagen der Kollegen (ein noch recht netter Beiname war wohl „Professor Porcupine", also „Stachelschwein"):

> *Ich fand bald heraus, dass die Worte, die man in Oxford für ihn fand, typischerweise so klangen: ‚eigensinnig und unkooperativ; betreibt keine Forschungen mehr; ein Spinner, der seine Zeit mit geometrischen Problemen verschwendet (…); ist von der Schnapsidee absorbiert, dass die Volkswirtschaft anhand thermodynamischer Prinzipien analysiert werden kann; unterstützt politische Randgruppen, wie die Major Douglas Social Credit-Bewegung und New Britain; (…) ist eine Enttäuschung für uns wie für sich selbst.' Nicht ein gutes Wort sagte man über ihn, trotz all seiner Bemühungen, die antiquierten Labore umzubauen und diese bis ins kleinste Detail zu erneuern und damit allen zu dienen, sowohl seinen stärksten Kritikern als auch den Studenten.*[25]

Der junge Dainton kommt wenig später in das Privileg, auch einen freundschaftlichen, warmen Charakterzug Soddys zu erfahren, als sie bei einer zufälligen Begegnung in den Hallen der Universität über das Bergwandern ins Gespräch kommen und Soddy ihm ein Büchlein über die Cairngorms in Schottland zukommen lässt. An diesen berührenden Erinnerungen des schon betagten 81-jährigen Professor der Chemie erkennt man die Wirkung, die Soddy auf den damals 18-jährigen Studenten hinterlassen hatte. Lord Dainton war in seiner beruflichen Laufbahn ein später Nachfolger Soddys als *Dr. Lee's Professor für Chemie* von 1970–73 und stirbt ein Jahr nach Veröffentlichung der Soddy-Biographie von Merricks, in deren Vorwort er anerkennend erwähnt, wie aufrichtig Soddy meist gegen die Meinung der Zeitgenossen argumentierte.

So macht auch das Vorwort Soddys zu den damals einflussreichen Aufsätzen im Band FRUSTRATION OF SCIENCE (1935, Herausgeber Sir David Hall) noch einmal sehr deutlich, wie groß dessen Skepsis gegenüber dem wissenschaftlichen Fortschritt war und welche Gefahren er für das

[25] Merricks, L. (1996b). Vorwort S. VI

menschliche Leben sah, in der Verantwortung stehend, mit den ungeheuren Kräften sinnvoll umzugehen:

> *Die Öffentlichkeit erwartet von den Wissenschaftlern in dieser Hinsicht weit mehr, als sie bisher geleistet haben. Individuell sind die meisten von ihnen auf diesem Gebiet immer noch völlig unwissenschaftlich und ebenso wie die Öffentlichkeit selbst dazu geneigt, individuelle Gedanken zu diesen Themen als sozial gefährlich und unterdrückenswert anzusehen und diejenigen, die vom Pfad der ‚reinen' Wissenschaft in diese Richtung abgewichen sind, als Spinner oder Hochstapler zu betrachten (…) Andererseits darf die Öffentlichkeit nicht zu viel erwarten. Sie vergisst leicht, dass sie als handlungsfähige Instanz faktisch kaum existiert, bis es in extremis zu spät ist. Der Pionier und Träger eines neuen Glaubenssatzes hat es immer mit einer unausgegorenen Masse zu tun, die nur dann bildungsfähig ist, wenn es ihr schlecht geht, und die, wenn es ihr gut geht, zu stolz ist, um zu lernen (…) Die Lösung besteht darin, dass die Öffentlichkeit (…) von ihren Universitäten und gelehrten Fachgesellschaften verlangt, sich nicht länger ihrer Verantwortung zu entziehen und sich unter dem Deckmantel falscher Demut als angestellte Diener der Welt zu verstecken, die ihre Arbeit ermöglicht hat, sondern das zu tun, wofür sie in kultivierter Befreiung von Routinetätigkeiten unterstützt werden, nämlich die Wahrheit zu sagen, selbst wenn der Himmel einstürzt.*[26]

Der Himmel stürzte für Soddy tatsächlich ein. Ein Jahr nach den oben genannten Ausführungen verstirbt seine Ehefrau mit einundfünfzig Jahren nach kurzer Erkrankung. Welche Erkrankung genau vorlag, ist heute nicht mehr überliefert, Soddy macht sich jedoch Vorwürfe, dass die Nähe zu den radioaktiven Elementen während ihrer gemeinsamen Experimente eine mögliche Ursache (vielleicht einer Krebserkrankung) gewesen sein könnte.

Von diesem Verlust seines letzten persönlichen Rückhalts hart getroffen, tritt Soddy 59-jährig von seiner Professur zurück und zieht sich ins Privatleben zurück. Aber er hörte dennoch nie auf, nach der Wahrheit[27]

---

[26] Soddy, F. (1935), Übersetzung d. Verf., wobei die Schlussformulierung „*speak the truth though the heavens fall*" auf die lateinische Redewendung „*Fīat jūstitia ruat cælum*" zurückgeht und somit einfordert, der Wahrheit und Gerechtigkeit ohne Rücksicht auf die Umstände oder Folgen Genüge zu tun.

[27] A.d.V.: Vergleiche hierzu seine Bemerkung aus SCIENCE AND LIFE (1920) im Kapitel ›The Ideals of a Science School‹ (S. 205): „*And for the inscription of our ideal university, upon which the actual universities of the future will be founded, we might do worse than to alter, if it is permissible, the words of Keats in accord with the spirit of modern science and modern heroism ‚Beauty and Truth and Duty that is all ye know on earth, and all ye need to know.'*"

zu suchen und diese auch auszusprechen. Auch wenn ihm dafür zu Lebzeiten keine Anerkennung zuteilwurde, ist seine Herangehensweise an die Verantwortung der Wissenschaft immer noch wegweisend; so in einem Artikel von Guston, der über die Einschätzung neuer wissenschaftlicher Erkenntnisse schreibt:

> *Die antizipatorische Steuerung neu entstehender Technologien dient dazu, zwischen den in Soddys Darstellung in Konflikt geratenen Wissenschaftler und der Öffentlichkeit zu vermitteln, die Überzeugung zu mäßigen, dass solche Diskussionen ‚sozial gefährlich' sind, das Verhalten der Wissenschaftler im Hinblick auf die allgemeine Verantwortung zu beeinflussen und die Tendenz der Öffentlichkeit zu korrigieren, mit der Lernbereitschaft zu warten, bis sich eine Tragödie ereignet.*[28]

Emeritus: Politisch-gesellschaftliches Engagement

Erschüttert vom Tod seiner Gattin und wissenschaftlichen Wegbegleiterin Winifred, die im Jahr 1936 wohl an einem thrombotischen Ereignis nach mehrmonatiger Erkrankung verstirbt, verlässt Frederick Soddy den Lehrstuhl in Oxford und widmet sich fortan fast ausschließlich seinen anderen Interessen außerhalb der Chemie.

Die Schwierigkeit, das politisch-gesellschaftliche Engagement nach dieser Zeit in Oxford zu würdigen, liegt darin, dass das soziale Leben Frederick Soddys bis dahin sehr rege war und dann jäh abbricht. Er habe sich untröstlich gezeigt und zunächst – nur mit seinem Hund als Begleiter – im Hause eingeschlossen.[29] Nach achtundzwanzig glücklichen Ehejahren, sowie vielfältiger beruflicher und nebenberuflicher Beschäftigung, folgen in den zwanzig Jahren bis zu seinem Tode 1956 viele sehr unglückliche und frustrierende Jahre. Ein weiterer Krieg, weitere Erstarkung der Finanzmächte und letztlich auch die furchterregende Realisierung und Anwendung der Atombombe desillusionieren und deprimieren ihn völlig. Wie Merricks im Kapitel ›The darkest days‹ schreibt,[30] zieht sich Soddy zunächst völlig von seinen Tätigkeitsfeldern – Wissenschaft, Geldreform, New Britain – zurück und wird erst wieder nach dem Zweiten Weltkrieg nochmals ans Licht der Öffentlichkeit

[28] Guston, D. H. (2012), Übersetzung d. Verf.
[29] Howorth, M. (1958) S. 237
[30] Merricks, L. (1996b) S. 156

treten. Ein Jahr nach seiner Ehefrau verstirbt auch Ernest Rutherford; von daher sind seine aus den ersten Jahren nach 1936 hinterlassenen „Mathematischen Notizbücher" auffallend: Eng und klein mit tiefschwarzer Tinte beschriebene Seiten voller Formeln und Zeichnungen – ein sicher einfach zu erklärender Umstand: Ausdruck einer Sehnsucht nach Klarheit und logischer Herausforderung, anstatt der vernichtenden Traurigkeit.

Unterbrochen wird dieses einsame Untertauchen durch eine sechsmonatige Reise nach Indien und Ceylon (Sri Lanka). Vordergründig als Forschungsreise bezeichnet, mit dem Ziel, aus Monazitsanden radioaktive Elemente zu extrahieren, hatte Soddy sicher ein starkes Verlangen, die als sagenhaft schön erinnerten Landschaften wieder zu entdecken und sich dem nahenden Winter in England zu entziehen. Bereits 1903 war er, wie schon erwähnt, auf seiner Vortragsreise nach Australien in diesen Ländern gereist und war fasziniert von der Schönheit der Natur.

So bricht er im November 1937 von London über Marseilles nach Indien auf. Diese Reise setzt er nach einem Monat der Rundreise in Indien auf Sri Lanka fort und nimmt über Britisch-Malaya und Singapur die Rückreise nach Kalkutta auf, um Anfang Mai 1938 wieder in England anzukommen. Er habe in Indien tatsächlich Monazit-Proben genommen und nach seiner Rückkehr bis in das Jahr 1941 auch an der Extraktion von Mesothorium geforscht, wie Merricks schreibt. Jedoch habe sich daraus, wohl auch aufgrund des Kriegsbeginns, kein weiterer Nutzen ableiten lassen können.

Allerdings ist der erholsame Effekt der Reise nur von kurzer Dauer. Soddy verlässt nach seiner Rückkehr aus Asien schon bald das Städtchen Oxford und bezieht ein kleineres Haus in der nahegelegenen Ortschaft Enstone. Dort wird er die nächsten zehn Jahre in relativer Einsamkeit verbringen. Kontakte und Bewegungen in größerem Radius sind nicht eruierbar. Wenige Jahre nach Ende des Krieges verschlägt es ihn in noch bescheidenere Verhältnisse: Mit seinem letzten Umzug in die Küstenstadt Brighton, nahe Eastbourne, der Stadt seiner Kindheit, entscheidet er sich für ein noch kleineres Haus, lediglich in Gesellschaft eines Hausmeisters, mit einem metallenen Klappbett aus seinen Jugendtagen als Schlafgelegenheit.[31]

[31] a.a.O. S. 159

Nun soll dieses Unterkapitel nicht nur die Zeit nach Soddys Pensionierung beleuchten, sondern auch die teils schon weit vorher stattfindende intellektuelle Entwicklung und sein politisch-gesellschaftliches Engagement rekapitulieren. Der Begriff „Emeritus" wird dabei bewusst verwendet, um anzudeuten, dass all seine Bemühungen schon früh den Anschein des Vergeblichen haben, des ausbleibenden Lohnes, der verwehrten Anerkennung und somit stets ein Gefühl mitschwingt, ausgedient zu haben. All diese Bedeutungsebenen klingen im lateinischen Begriff an. Diese düstere Realität holt Soddy im Jahr 1936 ein, verschärft sich 1945 und wird bis zu seinem Tode 1956 nie ganz vergehen.

Die Aktivitäten jenseits der Chemie finden bereits, wie schon genannt, in verschiedenen Vorträgen und Aufsätzen in den Glasgower Jahren und in Aberdeen ihren Ausdruck. Die sehr wechselvolle und wendungsreiche Geschichte der diversen Organisationen, in denen Soddy oft nur kurz eine ideelle Heimat findet, ist am ausführlichsten in der Biographie von Merricks geschildert.

Sein Interesse hatte sich bereits in Glasgow immer mehr auf ökonomische und soziale Themen fokussiert, er stand in dieser Zeit schon länger in Kontakt mit der *Labour Party*, der Soziologischen Gesellschaft und dem *Social Credit Movement*. Auch fungierte er später als Präsident des *Institute for Atomic Information for the Layman*, über welches heute allerdings kaum mehr zu finden ist, als ein Brief von Albert Einstein, der 1953 publiziert wurde und dessen Haltung der Soddys sehr entgegen kommt:

> *Wir Wissenschaftler sind uns unserer unausweichlichen Verantwortung bewusst, unseren Mitbürgern die einfachen Fakten der Atomenergie und ihre Auswirkungen auf die Gesellschaft nahezubringen. Darin liegt unsere einzige Sicherheit und unsere einzige Hoffnung - wir glauben, dass eine informierte Bürgerschaft für das Leben und nicht für den Tod handeln wird.*[32]

In zahlreichen Veröffentlichungen über Mathematik, Ingenieurwesen, Wirtschaft und Politik sind seine Äußerungen vielfältig, originell und provokativ und werden in den Zwischenkriegsjahren zunehmend kompromissloser – seine Aussicht verdüstert sich dann unter den

[32] siehe Atomic Digest. Vol. 1, No. 4, Fourth Quarter 1953 (Übersetzung d. Verf.)

Erlebnissen des Zweiten Weltkrieges und der fehlenden Resonanz der etablierten Ökonomen und der universitären Welt noch weiter.

Soddys Ansicht, dass das Geldsystem die moderne westliche Zivilisation daran hindert, ihren wissenschaftlichen und technologischen Reichtum mit friedlichen Mitteln zu verteilen, konnte die relevanten Stellen nicht erreichen. Soddy sah, wie das auf unwissenschaftlichen ökonomischen Theorien basierende, ja im Grunde rein fiktive Geldsystem, mit der Geburt der Zivilisation entstand und nun absichtlich und bewusst eingesetzt wurde, um diese zu vereiteln und frühere, auf Sklaverei gegründete Zivilisationsstufen aufrecht zu halten.

Um sein politisches und gesellschaftliches Engagement zu beschreiben, muss an dieser Stelle nochmals ein Rückblick vor den Ersten Weltkrieg getan werden: Die Armut, die Soddy in Glasgow erlebte, veranlasste ihn, sich dem Sozialismus zuzuwenden, und einige Jahre lang unterstützte er die *Independent Labour Party*. Im Gegensatz zu vielen europäischen Intellektuellen wurde er jedoch nicht durch das offensichtliche Versagen der traditionellen Wirtschaftspolitik während der Rezessionen der 1920er und 1930er Jahre zum Marxismus bekehrt. Stattdessen entwickelte er eine neue Wirtschaftstheorie, die auf den Gesetzen der Thermodynamik basierte und argumentierte, dass Geld in der wirtschaftlichen Welt einem Energiefluss in der physikalischen Welt entspricht.

Soddy hatte Ende November 1921 auf dem Höhepunkt seines Ruhmes als wegweisender Chemiker - der Nobelpreis wurde im Herbst 1921 vergeben und im Dezember 1922 verliehen - zwei Vorträge über ökonomische Fragen in London gehalten. Diese wurden im Mai 1922 unter dem Titel CARTESIAN ECONOMICS veröffentlicht und stellen den Beginn einer intensiven Suche nach einer Verbesserung ökonomischer Wissenschaftlichkeit dar. Soddy fährt mit seinem Werk WEALTH, VIRTUAL WEALTH AND DEBT 1926 fort, dann 1931 MONEY VERSUS MAN und schließlich 1934 THE ROLE OF MONEY.

In den Zwischenkriegsjahren wird er sich wesentlich in diversen Bewegungen einbringen, so in der *Economic Freedom League* (1925 bis 1930), und auch leitende Positionen übernehmen: Von 1933 an, bis zu seinem Tode - als dritter Präsident nach Geddes und Kitson -, den Vorsitz der *New Europe Group* und als Vizepräsident und Gründungsmitglied (1936) des *Economic Reform Club and Institute*. Die *Social-Credit-* und die *New-Britain-Bewegungen* sympathisierten mit seinen Ideen, bei den etablierten Parteien und den akademischen Wirtschaftswissenschaftlern konnte er sich aber nicht durchsetzen bzw. überhaupt Gehör finden.

Den größten Einfluss Soddys erkennt man in der *New Britain-* bzw. der *New Europe-Bewegung*. Die *New Britain Group* wurde in den 1930er Jahren gesellschaftlich bekannter durch ihre Forderungen einer sozialen, politischen und wirtschaftlichen Reform. Merricks schildert ausführlich, wie kulturell interessierte Gruppen sich zu Beginn des 20. Jahrhunderts in London entwickeln und an welchem Punkt Soddy sich in den 20er Jahren bereits dort eingebracht haben könnte.[33] In diesen Jahren kommt in Großbritannien (und dem gesamten Commonwealth) der *Social-Credit-Bewegung* eine hohe Popularität zu. Im Mittelpunkt der Bewegung stand die Unterstützung des Gildensozialismus, der Währungsreform und eines politischen Systems, das die Grundsätze der Dezentralisierung und der Weltföderation miteinander verband. Sie machte sich auch die von Rudolf Steiner entwickelte Idee des dreigliedrigen Staates zu eigen (Soziale Dreigliederung), in dem das Parlament in getrennte Häuser für Kultur, Wirtschaft und Rechtsleben aufgeteilt werden sollte. Im ganzen Land wurden über 60 Ortsgruppen gegründet, und die Wochenzeitschrift der Bewegung – die immer wieder den Namen wechselte (*The New Age, New Albion, New Atlantic, The Eleventh Hour Bulletin, New Britain Quarterly* und *New Britain Weekly, ...*) – wurde zwischen 1933 und 1935 zeitweise mit bis zu 32.000 Exemplaren verkauft. Ihr Inhalt war vielfältig, deckte einen breiten kulturellen Rahmen ab und enthielt auch Kurzgeschichten und Gedichte sowie Rezensionen. Zu den mitwirkenden Autoren gehörten neben Frederick Soddy auch Bertrand Russell, Harold Macmillan, Odon Por, J. T. Murphy, Hugh McDiarmid, T. S. Elliot, Prof. John Macmurray, Patrick Geddes und S. G. Hobson.

Eine der Forderungen war die Einrichtung eines Grundeinkommens (National Dividend), aber nicht nur. Gingen doch weitere, komplexe Ideen aus den Forschungen von Major Clifford Hugh Douglas (1879–1952) und Alfred Richard Orage (1873–1934) aus, die nach dem Ersten Weltkrieg die bedeutendsten Unterstützer dieser *Social Credit-Bewegung* wurden. Orage veröffentlichte 1919 den ersten Beitrag von Major

---

[33] Merricks, L. (1996b) S. 133ff.

Douglas in der Zeitschrift *The New Age*: ‚*A Mechanical View of Economics*'. Dies war der Auftakt der Bewegung, die mit einer interdisziplinären Philosophie aus den Bereichen Wirtschaft, Politikwissenschaft, Geschichte und Finanzwesen die wirtschaftliche und politische Macht an den Einzelnen zu verteilen suchte. Douglas schrieb:

> *Systeme sind für den Menschen gemacht, nicht der Mensch für das System, und das Interesse des Menschen, nämlich seine persönliche Entfaltung, steht über allen Systemen, seien sie theologisch, politisch oder wirtschaftlich (...) [und so] wollen wir nicht in der Utopie eines anderen leben, sondern unsere eigene Utopie aufbauen können.*[34]

Die Ansicht von Douglas traf sich mit derjenigen von Soddy, dass das Wirtschaftssystem so organisiert sei, um die Profite derjenigen zu maximiere, die über wirtschaftliche Macht verfügten, indem es unnötige Knappheit schaffe. Auch zeitlich treffen ihre Aktivität zusammen, denn zwischen 1916 und 1920 formte Douglas seine Ideen und veröffentlichte dann drei wegweisende Werke: ECONOMIC DEMOCRACY (1920) und CREDIT-POWER AND DEMOCRACY (1921), gefolgt von SOCIAL CREDIT im Jahr 1924. Die *Social-Credit-Theorie* geht davon aus, dass die verfügbare Geldmenge nicht ausreicht, um auf dem Markt alle Güter zu bezahlen. Menschen müssten sich also ständig verschulden, was wiederum Rezessionen und Arbeitslosigkeit begünstige. Darum solle der Staat mithilfe eines *Social Credits* sicherstellen, dass stets genug Geld vorhanden sei.

Wie Merricks wiedergibt, sind elf Forderungen bzw. zentrale Vorstellungen in den Veröffentlichungen der *New-Europe-Gruppe* immer wieder genannt worden:[35]

Die Vorstellung, dass ein Wendepunkt erreicht sei, an dem ein neues Britannien entstehen müsse; dass in dieser Notlage jeder - Mann wie Frau - gefragt sei, um eine neue Gesellschaftsordnung zu erreichen; dass der Staat als Ziel haben solle, die Entwicklung des Individuums zu sichern und dass über eine persönliche Verbindung zwischen den Individuen ein sozialer Staat zu errichten sei; dass die Angleichung von Produktion und Verteilung der Güter in einer neuen Zeit des Überflusses münde, worin die Produzenten selbst mehr Steuerungsmacht bekommen

[34] A.d.V.: siehe Douglas, C. H. (1920) *Economic Democracy.* New Edition: December 1974. Epsom, Surrey, England: Bloomfield Books. S. 18

[35] Merricks, L. (1996b) S. 146

sollten (nicht die Händler oder Finanziers); dass in Europa der Verbund vieler Nationalstaaten die friedliche Bildung einer weltweiten Föderation anregen solle.

Grundlage dieser oben genannten sieben Kernanliegen sind vier entscheidende Forderungen: Die völlige Neuordnung des Geldsystems, um die Macht der Geldschöpfung wieder von den Banken auf den Staat zu übertragen; die Reorganisation der Industrie über Gewerkschaften, um die Arbeiter zu ermächtigen; die Aufgliederung des Parlaments in drei unabhängige Häuser für Kultur und Bildung, Arbeit und Wirtschaft sowie Politik und Rechtswesen und letztendlich die weitgehende Dezentralisierung aller Macht in einer Aufgliederung der Entscheidungsprozesse von subsidiärer, föderaler Art.

Es würde an dieser Stelle zu weit führen, auf die esoterischen Unterströmungen und weitere Protagonisten einzugehen, wie C. B. Purdom, Philip Mairet oder die graue Eminenz dieser Zirkel, Dimitrije Mitrinović (1887–1953), auf den der gebürtige Engländer und später in Kalifornien lehrende Religionsphilosoph Alan Watts (1915–1973) in seiner Jugend traf und an dessen Gesprächsrunden Soddy ebenfalls am Rande teilnahm. Letztlich war es weder den illustren Persönlichkeiten noch den hochmotivierten Lokalgruppen des *New Britain* möglich, entschieden in den politischen Prozess einzugreifen. Wie so oft in der Geschichte scheint die Kombination innerer Differenzen und Fluktuation auf der Seite der Reformatoren gegenüber der rigiden Stabilität etablierter Parteiensysteme und der Indifferenz der Medienlandschaft für wegweisende Neuerungen ihr Werk getan zu haben. Hinzu kamen über die Jahre finanzielle Engpässe, sodass die letzte Ausgabe der *New Britain Weekly* im August 1934 veröffentlicht wurde, womit das offizielle Ende der *New Britain*-Bewegung erreicht war. Soddy blieb dem inneren Zirkel des *New Europe*-Kreises um Mitrinović treu; diese kleinere Gruppe wurde nach dem Zweiten Weltkrieg in *Renaissance Club* umbenannt und kam zu kulturellen Veranstaltungen zusammen. Nach dem Tod von Mitrinović wurde 1954 daraus wiederum die *New Atlantis Foundation* als gemeinnützige Stiftung gegründet.

Die durch die abklingenden Aktivitäten des *New Britain* frei gewordene Energie brachte Soddy im weiteren Verlauf ab 1936 als Vizepräsident in das *Economic Reform Council* ein. Dieses war in einer längeren

Vorgeschichte aus dem *Economic Reform Club and Institute* hervorgegangen, welches wiederum seine Wurzeln in einer ökonomischen Petitionsbewegung hatte, mit der nach dem Ersten Weltkrieg an den König appelliert worden war, eine Untersuchungskommission einzurichten, um Fragen der Armutsbewältigung und der wirtschaftlichen Ursachen des Wirtschaftskrieges zwischen den Nationen zu beurteilen. Die Bewegung hatte in ihrer Zeit durchaus einen großen Impuls, auch durch die Unterstützung der Kirche, bekommen und zählte zeitweise über zweitausend Mitglieder. Auch wenn der Zweite Weltkrieg wiederum eine Zäsur für diese Aktivitäten bedeutete, wurden doch regelmäßige Vortragsabende in London abgehalten. Soddy ergänzt dieses Engagement durch einige Veröffentlichungen in *Nature* (u. a. zu gewissen mathematischen Fragestellungen) und kleineren Publikationen mit ökonomischem Fokus. Launige, in seiner gewohnt kritischen Art, mit Bezugnahme auf literarische Klassiker gewürzten Vorträge vor Rotary Clubs (›*Money the mischief Maker*‹) werden aus dem Jahr 1939 überliefert.[36]

Auf diese Vorträge und Aufsätze ist die Resonanz sehr gering bis nicht vorhanden. Ein Grund dafür liegt im Beginn eines weiteren Krieges. Die Bemühungen, die Wissenschaft friedlich einzusetzen und durch eine gesellschaftliche Reform eine Grundlage zu legen, sind gescheitert. Ist es nur Ignoranz? Soddy benennt seinen Eindruck ganz offen: Es ist eine Verschwörung des Schweigens, eines bewussten Verschweigens. Die Interessen der Banken und der Industrie sind zu mächtig, ihr Einfluss auf Politik und die Zeitungen zu ausgeprägt. In die ökonomischen Publikationen seiner Zeit findet er keinen Zugang mit seinen Ideen. Wie selbstverständlich ist es nun für Soddy, zum Ausbruch des Krieges seine pazifistische Haltung durch Schweigen, durch Rückzug zum Ausdruck zu bringen, während jüngere Wissenschaftler sich in England und den USA an der Erforschung der Atomwaffe einbringen.

Erst mit dem Abwurf der Bomben auf Hiroshima und Nagasaki Anfang August 1945 reißt es ihn aus der Lethargie. Moralisch, im Rechtsempfinden und aus wissenschaftlicher Erkenntnis musste Soddy über das jähe Ende des Zweiten Weltkrieges (Japan kapituliert zwei Tage später) erschüttert sein: Am 18. August 1945, nur neun Tage nach der die amerikanische Plutoniumbombe *Fat Man* eine Zerstörung Nagasakis

---

[36] a.a.O. S. 161

verursacht, bei der vermutlich etwa die Hälfte der Einwohner sterben, veröffentlicht Soddy einen Artikel in der Zeitschrift *Cavalcade* mit dem Titel ›*The ~~A~~tomic Era*‹. Wobei der Buchstabe ›A‹ von ›Atomic‹ durchgestrichen gedruckt wurde, weil „Atom" im Grunde „das Unteilbare" bedeutet. Soddy bestand wie immer darauf, dass die Worte präzise angewandt werden sollten und wollte mit dem Begriff „Tomic Era" beschreiben, dass die Atombombe das letzte Fanal einer „Ära der Spaltung" darstellt – durch ihren immanenten Prozess, der nicht Ganzheitlichkeit und Unteilbarkeit bedeutet, sondern das Gegenteil: Nämlich die Spaltung von Atomen zur Freisetzung von Energie, um diese dazu einzusetzen, Zerstörung zu verursachen. In ›*The ~~A~~tomic Era*‹ mit dem Untertitel ›*The Week of Destiny, August 5-11 in the 45th year of the Tomic Era*‹ schreibt Soddy voller Empörung: „*Vesuv, Mt. Pelee und das Uran haben sich übergeben. Die Welt, angewidert vom Gemetzel, erbricht*".[37] Die Wissenschaft habe diese neue Macht leichtfertig an Männer übergeben, die „*volltrunken von Konflikten*" seien und noch immer in Kategorien von Steinäxten, Pfeilspitzen und Bumerangs denken. Nun sei die menschliche Natur (‚human nature') der Bumerang, der die Menschheit treffe. Wer diese Kräfte kontrolliere, habe die ganze Welt in seiner Hand – Soddy hebt die Macht in der Androhung eines vernichtenden Erstschlages in diesem Text klar heraus!

Und er geht nochmals einen Schritt weiter, indem er diese neuen physikalischen Kräfte auf die soziale Entwicklung bezieht, welche die Entwicklung der älteren physikalischen Kräfte – Dampfmaschine, Motoren, Elektrizität – mit sich gebracht haben: Habe man denn in der Vergangenheit Kontrolle über die Verelendung der Bevölkerung gehabt, die künstliche Armut inmitten des Überflusses, die Arbeitslosigkeit und den Ausbruch eines Krieges? Nein, ist seine Antwort. Diejenigen, die so tun, als hätten sie die Kontrolle, sind nur Schauspieler und Heuchler, die von Experten vor sich hergetrieben werden und eher noch die sozialen Verwerfungen verursachen und ausnutzen, als sie zu lindern:

> *Können die Nationen nicht bessere Leute finden, als die gebrochenen Gestalten, die das letzte Jahrhundert wissenschaftlicher Errungenschaften zunichte gemacht haben, bevor diese neue Übermacht alle aus ihrer*

[37] Soddy, F. (1945)

traditionellen Beschäftigung und Lebensgrundlage reißt, außer jenen, die diese unter Kontrolle hat und ihrer Dienerschaft?[38]

Bemerkenswert ist, dass Soddy nun eine Wendung hineinbringt und auf sein Thema - die Geldmacht - zu sprechen kommt. Mit Sorge weist er darauf hin, dass diese Macht der Atombombe ebenso demokratisch unlegitimiert in das Leben der Menschheit eingreift, wie die Banken, die das Geld nach Belieben herbeizaubern könnten und wieder verschwinden ließen. Die Welt könne nur ein sicherer Ort sein, wenn die Wissenschaftler sich einer Gesellschaft gegenüber verantwortlich zeigten, die von einer gewissenhaft demokratisch bestimmten Regierung geführt werde. Soddy bezweifelt, dass eine solche bestünde und deutet die Schattenregierung der Finanzmächte an. In diesen wenigen Seiten steckt also nochmals sein Lebenswerk - *„in an nutshell"*, wie man im Englischen sagt. Seine Desillusionierung, in dem vorhandenen politischen Umfeld noch etwas zum Guten zu bewegen, ist vollständig.

In den nächsten Jahren wird sein Engagement nochmals aufleben, in Vorträgen und Publikationen wie THE STORY OF ATOMIC ENERGY (1949), worin auch stets die ökonomischen Grundlagen angesprochen werden. Seine Erkenntnis wird dort nochmals geschildert, dass ein Wirtschaftssystem, das nicht dazu aufgesetzt ist, lediglich die Güter zu verteilen, sondern Wettbewerb und Verdrängung fordert, auch nur eine Wissenschaft bekommen kann, die nicht Wohlstand, sondern Krieg und Zerstörung nach sich zieht. Und er erinnert sich nochmals an die Weltausstellung 1904 in St. Louis (s. o.) und an die riesige gusseiserne Statue des Gottes Vulkan, die - so fügt er nun hinzu - über einer kleineren, aus weißem Marmor gehauenen Christusfigur thront. Ein Sinnbild, das ihm nun schlüssig erscheint: Die ganze Welt im Griff der Atomenergie - ein Dominieren über das Spirituelle durch die Kräfte des Materiellen. Wobei in diesem Text auch seine Kritik an der christlichen Religion geäußert wird. Zu einseitig und rückgratlos in Anbetracht der modernen Herausforderungen sei diese.[39]

Als im Jahr 1949 eine Sondersteuer zur Bewältigung der Kriegsfolgen aufgelegt wird, weigert Soddy sich, diese zu bezahlen und stellt eine Klage wegen Verfassungswidrigkeit an. Er scheitert jedoch vor Gericht

[38] a.a.O. S. 4

[39] Merricks, L. (1996b) S. 167ff

und seine Hoffnung, damit eine größere Bewegung hin zu einer Neubeurteilung des Finanzwesens zu erreichen, erfüllt sich nicht. Da er die Zahlung weiterhin verweigert, wird er 1950 für bankrott erklärt. Immerhin erhält er infolgedessen Unterstützung des *Economic Reform Club* und der *New Europe Group*, die eine *„Soddy Society for Honest Money"* starten und den Fall publizieren. Moralische Unterstützung liefert auch Sir Richard Gregory, der ehemalige Herausgeber der Zeitschrift *Nature*, der in einem Brief schreibt, die Hinnahme dieser Sondersteuer sei nicht hinterfragt worden, weil es den meisten Menschen wohl an *„Rückgrat in ihrer Aufrichtigkeit des Denkens mangele"*.[40]

Soddy versucht diese Aufrichtigkeit nochmals in weiteren Vorträgen und Publikationen zu vermitteln, doch seine Kräfte schwinden, angesichts enttäuschter Hoffnungen, mit seinen Argumenten durchzudringen. 1951 spricht er in über die *„Verfassungsgemäße Berechtigung sich Steuerforderungen zu widersetzen"*, da sich jedes Detail im Niedergang der Weltordnung ganz einfach durch ein korruptes Geldsystem erklären ließe und welches in der Gründung der Bank von England ihren Anfang genommen habe.[41] Aus dieser Haltung nimmt er nun – was ihm zuvor undenkbar gewesen war – die Wissenschaftler in Schutz. Sie seien wie Dienstboten behandelt worden und daher seien die Ergebnisse der Forschung im wissenschaftlichen Fortschritt zunächst neutral zu sehen. Von einer Verantwortung gegenüber einer Gesellschaft, die auf der Grundlage eines korrupten Systems funktioniere, distanziert er sich nun.

Diese Enttäuschung steigert sich in der Zeit bis 1954, da trotz weiterer Vorträge und Publikationen die *New Europe Group* weiter an Boden verliert und finanziell ausblutet. Soddy zieht sich aus seiner Rolle im Vorstand zurück, er realisiert, wie er in einem Brief schreibt, dass er am besten allein arbeitet, ohne sich mit Grupperungen auseinandersetzen zu müssen.

Soddy wird jedoch in dieser Zeit zum Ziel der Interessen von Muriel Howorth, die Ende 1952 den Kontakt zu ihm herstellt. Sie hatte zwei Jahre zuvor mit ihrem Ehemann das *Institute for the Atomic Information of the Layman* gegründet und suchte fachliche Hilfe bei Soddy. Rasch

[40] ebd.
[41] ebd.

fokussierte sich ihr Interesse auf die Erstellung einer Biographie Soddys, welche bereits 1953 nach intensivem Austausch veröffentlicht wird.[42]

Seiner Biographie gehen Vorträge für das *Institute* voraus, Soddy wird bald als Präsident der Organisation benannt. Die Resonanz auf diese Tätigkeiten bleibt völlig aus; zum einen vielleicht, weil Howorth die wissenschaftliche Reputation fehlt - das Institute ist im Grunde lediglich ein Privatvergnügen des Ehepaares -, zum anderen, wie Soddy vermutet, weil die Presse den Aktivitäten Soddys jenseits der Radiochemie schon länger skeptisch gegenüberstehe und auch die Universität von Cambridge - in alter Rivalität zu Oxford - ein Interesse daran habe, die Pioniererfolge ihrem Akteur Rutherford zuzuschreiben. In diese Vermutungen steigert sich Soddy fataler Weise bis 1956 weiter hinein, obwohl der Austausch mit Rutherford bis zu dessen Tod im Jahr 1937 vollkommen freundschaftlich und ungetrübt war. Lichtblick in dieser Zeit der Isolation scheinen die Treffen der Nobelpreisträger in Lindau gewesen zu sein. Diese *Lindauer Nobelpreisträgertagungen* beginnen im Jahre 1951 und Soddy erfreut sich am regen Austausch mit den Wissenschaftlern. Er hält dort Vorträge über die Isotope (1953) und über die Desintegrationstheorie (1954) und ist Mitunterzeichner der *Mainauer Erklärung* von 1955, in der sich die Nobelpreisträger gegen die Anwendung der Atomwaffen richten.[43]

Frederick Soddy war auch aktiv an der *Le Play Society* beteiligt, welche die Ideen des bedeutenden französischen Soziologen und Bergbauingenieurs Fréderic Le Play (1806–1882) aufgriff, der Mitte des 19. Jahrhunderts auf seinen Inspektionsreisen zu den Kohleminen die dort ansässigen Gemeinden erforschte. Vorläufer war die 1902 von Patrick Geddes (1854–1932) gegründete *Sociological Society* zur Förderung von Feldforschung und regionalen Erhebungen in Soziologie und Geografie. Der schottische Biologe und Geologe übernahm das Schema von Le Play, dessen Arbeiten er in Paris kennengelernt hatte: Kleine Städte und

[42] A.d.V.: Howorth schrieb zwei Biographien: Zunächst 1953 „*Atomic Transmutation: The Greatest Discovery Ever Made. From the Memoirs of Frederick Soddy*“ und das 1958 veröffentlichte Werk „*Pioneer Research on the Atom: Rutherford and Soddy in a glorious chapter of Science: The Life Story of Frederick Soddy*“. Sie haben ihren eigenen künstlerischen Wert, werden jedoch in der Fachwelt eher belächelt aufgrund ihrer Voreingenommenheit und Unschärfe in der Chronologie und wurden von den Angehörigen Soddys in bestimmten Aussagen sogar angegriffen.

[43] a.a.O. S. 185

Gemeinden waren nach den Kategorien *„Lieu, Travail, Famille"* zu untersuchen, wobei Geddes dieses Konzept zu *„Place, Work, Folk"* erweiterte, um die wichtigsten Merkmale lokaler Gesellschaften in soziologischen Feldstudien zu erfassen. Patrick Geddes war wie der Soziologe John Ruskin der Ansicht, soziale Prozesse und räumliche Strukturen seien eng miteinander verbunden. Er hielt es deshalb auch für möglich, durch gezielte Gestaltung der räumlichen Umwelt soziale Prozesse zu beeinflussen oder zu initiieren. Geddes Thesen beeinflussten viele Denker des 20. Jahrhunderts, wie etwa den US-amerikanischen Urban-Theoretiker Lewis Mumford. In den Londoner Räumen der *Society* traf Soddy bereits 1920 auf Lewis Mumford und scheint damals insbesondere von der Idee einer Studie über „Social Finance" angetan gewesen zu sein, in der Kredite für soziale Projekte untersucht werden sollten. Nach weiterem Wachstum der *Sociological Society* wurde 1930 die *Le Play Society* unter Leitung von Margaret Tatton mit Sitz in London ausgegründet. Bereits zu diesem Zeitpunkt hatten soziologische und geographische Studien von Finnland bis Nordafrika stattgefunden. Nachdem sie während ihres Bestehens 71 größere Feldstudien organisiert und acht Monographien veröffentlicht hatte, wurde die Gesellschaft 1960 aufgelöst.[44]

Soddy kam in den Jahren des Zweiten Weltkrieges und danach mehrfach zu Exkursionen der *Society* und nahm auch an Reisen nach Schweden (1949) und nach Tirol (1950) teil. Hierbei lebte sein altes Faible für Wanderungen und Bergtouren wieder auf. Die Gesellschaft der Studenten und die Jahreskonferenzen der *Le Play Society* scheinen aber auch intellektuell anregend und für Soddy wichtig gewesen zu sein, trafen dort doch Vertreter vieler Wissenschaftsdisziplinen aufeinander, was Soddy sehr zu einem Austausch anregte.[45] Auch bestanden lange Zeit über die Gründungspersönlichkeit Geddes' noch starke Beziehungen und thematische Überschneidungen zu den Aktivitäten der *New Britain Bewegung*.

Persönliches Glück fand Soddy in der Gesellschaft von Margaret Lewis, einer in der *Society* tätigen Lehrerin für Geografie. Beide trafen sich privat zu Spaziergängen und unternahmen später auch Reisen in die Alpen und Ende 1955 sogar in einer kleinen Gruppe eine Expedition nach Nord-Norwegen, um dort zum Jahreswechsel die Nordlichter zu

[44] Beaver, S. (1962) S. 225ff

[45] Merricks, L. (1996b) S. 191ff

sehen. In diesen letzten Jahren, in denen auch viele seiner schwierigen Charakterzüge scharf zutage traten, fand Soddy doch auch viel von der Zufriedenheit und Freude aus den Jahren vor 1914 wieder, in denen er sich rückblickend - wissenschaftlich wie auch persönlich - wie in einem Goldenen Zeitalter fühlen konnte. Die Begegnung mit Margaret Lewis und der Austausch mit den Mitgliedern der *Le Play Society* gaben ihm das Gefühl, mit der Natur und der Wissenschaft wieder in ein harmonisches Verhältnis zu kommen. Wie Merricks schreibt, erkennen wir hier den Frederick Soddy jenseits aller Zerrissenheit durch die Weltlage, ohne die Vorahnungen einer kommenden Zerstörungsmacht wie auch Zerstörungswut seiner Zeit.[46] In den Expeditionen, den Vortragsabenden, den Begegnungen mit fremden Kulturen und anderen Disziplinen lebt der Wanderer zwischen den Welten der Wissenschaften und der Bergwanderer gleichermaßen auf; der Mensch, der seine Gnade darin fand, Winifred Beilby in den letzten Jahren einer alten Welt zu heiraten und mit ihr Wissenschaft und Berge gleichermaßen zu lieben, bevor die düstere Vorahnung einer neuen Welt sich bestätigen konnte. Hier lebt Frederick Soddy wieder auf und gibt sein Vermächtnis in die Hände einer jungen Generation, um Mittel und Wege zu schaffen, die Welt zu verstehen und lieben zu lernen.

Anfang 1956 nahmen die gesundheitlichen Probleme Soddys wieder zu, weswegen eine Operation geplant werden musste.[47] In weiser Voraussicht und unter angesichts des anhaltenden Drucks der Steuerbehörden ordnete Soddy seine Verhältnisse und verschenkte einen guten Teil seiner Geldersparnisse an Freunde. Er vermachte Muriel Howorth £1.000 und seine wissenschaftlichen Papiere, um diese weiter biografisch erfassen zu lassen.

Als Soddy am 22. September 1956 nach einer Behandlung im Krankenhaus verstarb, hinterließ er den größten Teil seines Vermögens (£25.000) einem eigenen Treuhandfonds, der es Lehrern und Studenten - ähnlich den Ideen der *Le Play Society* - ermöglichen sollte, regionale Gemeinschaften im In- und Ausland zu besuchen, um deren Andersartigkeit zu studieren. Dies war ein großes Anliegen Soddys gewesen, dem es selbst nicht leichtfiel, Kontakte zu knüpfen, der aber dennoch

[46] ebd.

[47] ebd.

der Meinung war, dass mehr Verständnis und Gemeinschaft zwischen den Völkern unerlässlich seien, wenn die menschliche Spezies das Atomzeitalter überleben solle.[48]

Kurz vor seinem Tode beauftragte Soddy den jungen Anwalt Peter Bunker mit der Gründung des *Frederick Soddy Trust*, der Stipendien an Forschungsgruppen vergeben sollte, welche das gesellschaftliche Zusammenleben, insbesondre mit regionalem Fokus erforschen. Bunker wurde später Anwalt in Brighton und leitete den Trust viele Jahre hindurch. Nach den ersten erfolgreichen Stipendien wurde 1960 in Zusammenarbeit mit der Universität Sussex eine enge Kooperation im Rahmen eines *Frederick Soddy Research Fellowship in Geographical Sociology* eingerichtet.[49]

Über die Jahre wurden hunderte Expeditionen in der ganzen Welt unterstützt und die Verbindung mit der *Royal Geographical Society* wurde durch die vorsitzenden Professoren weiter verstärkt. Im Jahr 2018 wurde der Frederick Soddy Trust eine mit der *Royal Geographical Society* (*Institute of British Geographers*) verbundene Wohltätigkeitsorganisation und schuf den *Frederick Soddy Award Fund,* mit welchem Schulklassen, Studenten und Doktoranden sowohl eine Teilfinanzierung aber auch umfängliche Studienmittel zur Untersuchung sozialer, wirtschaftlicher und kultureller Lebensbedingungen in bestimmten Regionen im Vereinigten Königreich, in Irland oder sogar weltweit erhalten können. Somit ist die Zukunft für dieses besondere Anliegen Frederick Soddys auf ein stabiles Fundament gestellt.

[48] Sutton, M. (2006)

[49] Merricks, L. (1996b) S. 199ff

Der Chemiker Soddy – Das wissenschaftliche Werk

Soddy entwickelte gemeinsam mit Lord Rutherford in den Jahren 1901–1903 die Zerfallstheorie der Radioaktivität, bestätigte 1903 mit Sir William Ramsay die Entstehung von Helium aus Radium und entwickelte 1910 das Konzept der Isotopie, stellte 1911 die Alphastrahlen-Regel auf, die 1913 zu den radioaktiven Verschiebungssätzen führte, und erhielt 1921 den Nobelpreis für Chemie, vor allem für seine Untersuchungen über den Ursprung und die Natur der Isotopie.[50]

Auf der Höhe seiner wissenschaftlichen Karriere übernahm Soddy im Jahr 1919 einen Lehrstuhl für Chemie in Oxford. Diese Stelle war nicht ausgeschrieben worden und zwei Chemiedozenten vor Ort hatten sich selbst für ebenso würdig gehalten, dass sie der Professur Soddys eine langfristige Antipathie entgegenbrachten. Einer von ihnen war Harold Hartley, der ein sehr angesehener Industriemanager wurde und Biografien über Wissenschaftler schrieb. Der andere war Nevil Sidgwick, der später für seine Arbeiten zur Theorie der chemischen Bindungen bekannt wurde.

Entscheidend für eine genauere Einschätzung dieser Konkurrenzsituation ist der wissenschaftliche Status der Protagonisten im Jahr 1919, der sich leicht aus ihren Veröffentlichungen bis zu dieser Zeit ableiten lässt: Davies[51] weist darauf hin, dass Hartley zwölf Arbeiten veröffentlicht hatte, vor allem über chemisches Lösungsvermögen und die elektrische Leitfähigkeit in Flüssigkeiten, wozu er später weitere wichtige Beiträge leistete. Nur eine Arbeit stammte von Hartley selbst. Sidgwick hatte achtzehn Arbeiten mit achtzehn Koautoren veröffentlicht, hauptsächlich über Löslichkeit und Reaktivität organischer Moleküle, wobei nur zwei der Arbeiten von Sidgwick selbst stammten. Soddy veröffentlichte im Vergleich dazu bis 1919 zweiundzwanzig Arbeiten unter seinem eigenen Namen und dreiundzwanzig, an denen er als Koautor beteiligt war. Zur letzteren Gruppe gehörten die neun Arbeiten mit Rutherford, die das Wissen der Welt über das Atom veränderten.

---

[50] A.d.V.: Diese Zusammenfassung findet sich bei http://www.encyclopedia.com/people/science-and-technology/chemistry-biographies/frederick-soddy (letzter Abruf: 30.08.21)
[51] Davies, M. (1992)

Die persönlichen Gegensätze zwischen diesen Kollegen waren jedoch so groß, dass sie für Soddy, der in Oxford ein heruntergekommenes Gebäude überantwortet bekommen hatte, in dem er tatsächlich lehren und forschen sollte, für lange Zeit alle Bemühungen um eine Besserung der Bedingungen vereitelten. Nach acht Jahren in dem schlecht eingerichteten Gebäude wurde ihm gestattet, sein Laboratorium auszubauen. Er fungierte als sein eigener Architekt, Bauleiter und Ingenieur und hatte großen Erfolg. Das alte Chemiegebäude wurde in einen nutzbaren Zustand versetzt. Viele andere Projekte, die er anregte, scheiterten, bis sie nach seiner Pensionierung innerhalb eines Jahres in Umsetzung genommen wurden, wie Merricks in ihrer Biographie zu Soddy schreibt.

Es ist daher verständlich, dass Soddy sich nach der Erkrankung und dem bedrückenden Tod seiner Frau im August 1936 relativ früh, 59-jährig, aus seiner Anstellung in Oxford zurückzog.[52] Merricks erwähnt einen Kondolenzbrief seines Nachfolgers A. W. Stewart, der auf die Situation in Oxford Bezug nimmt und welcher schreibt, es sei doch unschwer erkennbar gewesen, dass nicht alle ‚Oxford People' besonders liebenswürdige Kollegen gewesen sein müssen.[53]

Soddy verfiel durch diese beruflichen wie auch privaten Einschnitte in eine depressive Phase, die noch im Folgejahr durch den Tod von Ernest Rutherford vertieft werden sollte. Wie die Biographin Merricks schreibt, hört man in der Fachwelt von Soddy bis zum Ende des Zweiten Weltkrieges erstaunlich wenig – still und vereinsamt scheint sich Soddy diversen Studien gewidmet zu haben, etwa der Suche nach Monazitsanden (er patentierte 1940 sein bereits 1923 entwickeltes Verfahren zur Gewinnung von Thorium aus diesen Sanden). Auch wandte er sich u. a. diversen Fragestellungen der Mathematik zu und entwickelte etwa eine Formel für jene Kreise, deren Mittelpunkte an den Eckpunkten eines Dreiecks liegen und deren Radien zur Berührung kommen. Diese Herleitungen, die einen Satz von Descartes aufgreifen, werden heute noch als „Soddy-Kreise" bezeichnet. Er veröffentlichte seine Lösung 1936 in einem Gedicht mit dem Titel THE KISS PRECISE in der Zeitschrift *Nature*.

In diesen Tätigkeiten wird sein interdisziplinärer Ansatz immer wieder erkennbar und diese Bemühungen, der wissenschaftlichen Ge-

---

[52] Rayner-Canham (2008) S. 423
[53] Merricks (1996b) S. 103

meinschaft die gesellschaftliche Relevanz ihrer eigenen Forschungen ins Bewusstsein zu rufen, werden auch von anderen, ebenso eingestellten Wissenschaftlern erkannt und benannt. Davies zitiert dazu aus einer Festschrift für Soddy den interdisziplinären Wissenschaftler und Soziologen Lewis Mumford:

> *Soddy hat durch sein eigenes, allzu einsames Beispiel die notwendige Überschreitung der Grenzen der Spezialisierung, die allgemein werden muss, wenn unsere Errungenschaften nicht von den verkrüppelten Köpfen zunichte gemacht werden, die ihren isolierten Bereich nicht weise, sondern zu gut und die das Leben selbst mit all seinen vielfältigen Möglichkeiten und Herausforderungen überhaupt nicht kennen. Durch sein Beispiel, ja sogar durch sein ‚Scheitern', ist er zu einem der Herolde eines neuen Zeitalters geworden, dessen Ankunft eine ganze Generation von Soddys erwartet.*[54]

Soddy, der einst voller Zuversicht von den möglichen friedlichen Vorteilen für die Gesellschaft gesprochen hatte, „*diesen großen, in der Struktur des Elements gebundenen Energievorrat zu erschließen*" und durch seine Kontrolle „*praktisch jedem, der es wollte, eine eigene Privatsonne zur Verfügung zu stellen*"[55], war über die nachfolgenden Entwicklungen zutiefst besorgt. Es hatte sich für Soddy schon früh gezeigt, dass die Kräfte der Atomkerne alles Bekannte übersteigen würden und die Menschheit sich auf eine friedliche und produktive Nutzung einstellen müsste. Zur Einschätzung dieser Entwicklung sollen im Weiteren die wesentlichen Wegmarken in der Atomforschung geschildert werden.

Atommodelle und Isotopie

Die erstmalige Entdeckung von Strahlungsenergie (engl. *radiation*) am Ende des 19. Jahrhunderts stellte eine Sensation dar – allerdings fehlte zu dem damaligen Zeitpunkt eine Erklärung dafür. Erst die Ergebnisse der gemeinsamen Arbeit von Soddy und Rutherford machten eine Erklärung möglich. 1911 beschrieb Rutherford ein Modell, in dem das Atom aus Kern und Hülle besteht. Er schrieb die positiven Ladungen dem Kern zu und die negativ geladenen Elektronen als Bestandteil der

[54] Davies, M. (1992)
[55] Trenn, T. J. (2018)

Hülle: *„Einige der in diesen Arbeiten enthaltenen Beiträge trugen dazu bei, dass Rutherford 1908 den Nobelpreis für Chemie erhielt, obwohl er sich als Physiker verstand."*[56]

Dieses Modell konnte jedoch nicht alle beobachteten Eigenschaften von Elementen erklären, etwa die Spektrallinien von Wasserstoff. Diese Erklärung gelang seinem Schüler Niels Bohr schon 1913 mit einem weiteren Atommodell, bei dem sich die Elektronen nur auf festen Umlaufbahnen bewegen und diese durch „Quantensprünge" wechseln. So ist dieses Modell in der Lage, die rechnerisch ermittelten Positionen der Wasserstoffspektrallinien mit den experimentellen Ergebnissen genauer übereinzubringen.

Rutherford gelang es dann 1919, durch Bestrahlung mit Alphateilchen ein Element in ein anderes zu verwandeln – Stickstoff in Sauerstoff. Und er glaubte, dass es im Atomkern neben den positiv geladenen Teilchen - die aufgrund der Abstoßung auseinanderfliegen müssten - als eine Art Klebstoff neutrale Teilchen geben müsse, die er Neutronen nannte. Sie wurden erst 1932 von Rutherfords Mitarbeiter James Chadwick nachgewiesen. Damit war das modellhafte Bild des Atoms komplett, dass im Prinzip auch heute noch gilt.

Dennoch konnte Soddy 1913 sein Konzept der Isotopie formulieren, ohne auf den Begriff des Neutrons zurückzugreifen. Es war klar geworden, dass die Atomkerne ein unterschiedliches Gewicht haben mussten und diese Phänomene innerhalb eines spezifischen Elementes nannte er auf Anregung seiner Kollegin Margaret Todd „Isotopie", begrifflich ausgehend von den griechischen Begriffen für den Ausdruck „gleicher Ort" (im Periodensystem). Möglich wurde diese Vorstellung durch einen speziellen Nachweis, der kurz geschildert werden soll.

Exkurs über Desintegrations-Experimente

Anfang des 20. Jahrhunderts erkannten Wissenschaftler, dass von einigen Elementen unter bestimmten Bedingungen Strahlung ausgesandt wurde, ohne zunächst den Mechanismus zu verstehen. Um diesem Geheimnis auf die Spur zu kommen, nutzten Soddy und Rutherford die ihnen zur Verfügung stehenden eher einfachen Werkzeuge: Um eine

[56] https://de.wikipedia.org/wiki/Rutherfordsches_Atommodell

sogenannte „Vakuumröhre" zu schaffen, mussten handgeblasene Glaskolben sorgfältig hergestellt werden und wurden dann evakuiert. Die Forscher schlossen dann eine Radiumprobe in einen dünnen Glasbehälter ein, der wiederum in der evakuierten Röhre eingeschlossen wurde. Die evakuierte Röhre hätte völlig leer bleiben müssen, aber das Radium gab im Laufe der Zeit durch seinen Zerfall zwei Protonen und zwei Elektronen ab, was wiederum das Element Helium konstituiert.

Dieser Vorgang wurde von Soddy und Rutherford nachgewiesen, indem sie bemerkten, dass die vermeintlich leere Vakuumröhre etwas enthielt, was mit der spektralen Signatur von Helium übereinstimmte. Die Existenz des Elements Helium selbst war eine relativ neue Entdeckung, die aus spektroskopischen Beobachtungen einer Sonnenfinsternis im Jahr 1868 abgeleitet worden war.

Soddy und Rutherford folgerten daraus, dass Radium in Elemente mit geringerem Atomgewicht zerfällt. Dies ist die Grundlage des größten Teils der heutigen Atomwissenschaft: Beim Zerfallsprozess ihres Kerns setzen instabile Elemente mit hohem Atomgewicht Energie und sogenannte Alpha-, Beta- und Gammastrahlung frei. Diese seinerzeit kühne Hypothese, dass ein Atom sich unter Abspaltung eines α-Strahles (Heliumkern) oder β-Strahles (Elektron) in ein neues Atom – also Element – wandeln kann, hat die verschiedenen Phänomene der Radioaktivität unter ein einheitliches Erklärungsmodell geführt und damit den Beginn der modernen Atomtheorie gesetzt.[57] Radioaktive Isotope bilden heute die Grundlage für einen Großteil der Nuklearmedizin und dienen beispielsweise auch zur geologischen oder auch paläontologischen Altersbestimmung.

Rolle und Bedeutung der Atomenergie

Mit der Entdeckung des Neutrons wurde klar, dass man Elemente auch auf andere Art verwandeln kann, als es Rutherford 1919 wie oben geschildert getan hatte. Der Nobelpreisträger für Physik (1938) Enrico Fermi, versuchte Uran-Atome durch das Beschießen mit Neutronen zu

[57] Meitner L. (1924) Der Zusammenhang zwischen β- und γ-Strahlen. In: Schriftleitung der »Naturwissenschaften« (eds) Ergebnisse der Exakten Naturwissenschaften. Springer, Berlin, Heidelberg. https://doi.org/10.1007/978-3-642-94260-0_7

verändern. Seine bahnbrechende Entdeckung war, dass Kernumwandlungsprozesse durch Neutronenstrahlung wesentlich effektiver ablaufen. Man interpretierte die Ergebnisse irrtümlich als Kernumwandlung in „Transurane" (Artikel in *Nature* 1934). Weitere Versuche brachten Otto Hahn, Lise Meitner und Fritz Straßmann in Berlin 1938 auf die physikalische Bedeutung: Sie hatten die Kernspaltung entdeckt, bei der, angesichts der kleinen Uranmenge, eine hohe Energie freigesetzt wurde.

Der Beginn des 20. Jahrhunderts war also durch eine Reihe von „Energie-Revolutionen" geprägt, die das menschliche Leben deutlich beschleunigen sollten: Hatte die Nutzung der Kohle in den Dampfmaschinen bereits durch den Antrieb von Schiffen und Eisenbahnen die Transportwege verkürzt und die Welt zusammenrücken lassen, konnte man diese Entwicklung noch weiter durch die Nutzung von Erdöl und die Produktion von Benzin für die Ottomotoren verstärken. Im Ersten Weltkrieg war dies bereits kampfentscheidend: Lastwägen, Flugzeuge und Panzer wurden in großer Stückzahl produziert und mit dem neuen Kraftstoff angetrieben. Das Ende des Krieges bedeutete somit auch den Sieg des Erdöls (der Alliierten) über die Kohle und die Eisenbahn (der Deutschen).[58]

Mit dem Ersten Weltkrieg wurden auch die bisher noch in relevanter Zahl vorhandenen alternativen Antriebe für die Kraftwagen obsolet: Dampf-Automobile und elektrisch betriebene Fahrzeuge konnten mit der Reichweite und Effizienz der Benziner nicht mithalten. Der Siegeszug des Erdöls begann und brachte eine hohe individuelle Mobilität und völlig neuartige geopolitische Machtkonstellationen mit sich.

Soddy erkannte einen Zusammenhang zwischen der Verfügbarkeit von Energie und sozialer Armut bzw. Macht. Soddy hätte sich als Jugendlicher schon mit Fragen der Verteilung von Wohlstand befasst. Er betrachtete Wissenschaft und Technologie als Mittel und Wege zur Verbesserung des menschlichen Lebens, um Armut und Kriege zu beenden. Er fühlte sich berufen, durch Umwandlung von Radioaktivität zur Verbesserung der sozialen Situation beizutragen.[59] In seinem Buch MATTER AND ENERGY aus dem Jahre 1912 nahm er das Konzept einer Ökologischen Ökonomie vorweg. Seine wissenschaftlichen Arbeiten zur

[58] https://www.oekosystem-erde.de/html/geschichte_erdoel.html
[59] Richards, L. M. (2018) S. 11

Strahlenchemie und seine Bemühungen für soziale Verbesserungen wurden jedoch mit dem Beginn des Krieges 1914 unterbrochen.

Während der Dauer des Krieges, in der die gesamte Forschung militärischen Anforderungen unterworfen war, fungierte er als Dekan der chemischen Fakultät in Aberdeen. Der Tod des hervorragenden Chemikers Moseley aus Oxford, der als Fernmeldeoffizier in der Schlacht bei Gallipoli sein Leben verlor, steigerte Soddys Abneigung gegen den Krieg beträchtlich und machten ihn wütend. Der Einsatz chemischer Kampfmittel, die sich aus der Erforschung der Stickstoffbindung[60] ergab und mit der zunächst eine Verbesserung der Nahrungsmittelversorgung mithilfe der künstlichen Düngemittel erreicht werden konnte, zeigte, dass die Wissenschaft zunehmend als Werkzeug für die Kriegsführung eingesetzt wurde und der Profitgier diente.[61]

Soddys ethische Einstellung und seine breitgefächerte Kenntnis historischer und philosophischer Quellen bot ihm die Möglichkeit, das Phänomen der Radioaktivität in Beziehung zu Zeit, Materie und der menschlichen Existenz zu setzen. Damit konnte er als Erster die überragende und umfassende Bedeutung der Atomenergie für die Menschheit ermessen. Von dieser Ahnung, ja sogar Erkenntnis, ließ sich Soddy leiten und sah die Möglichkeit der Atomwaffen und deren militärischen Nutzung als Prüfstein für die Menschheit, an dem sich das aktive Engagement von Wissenschaftlern und der Zivilgesellschaft für Frieden und die Ablehnung „kriegerischer Profite" abschätzen ließ. So kam es, dass Soddy erschüttert war über den Einsatz der Atombombe im Zweiten Weltkrieg. Wie Richards schreibt, seien (…)

> *für Salvador Dali (…) die Atomwaffen der Beweis für die Existenz Gottes gewesen (…). Für Soddy sei die Erfahrung, einen Blick darauf werfen zu können, wie die atomische und chemische Struktur des Universums angeordnet ist, nicht der Beweis Gottes, sondern seiner eigenen Verantwortlichkeit gewesen, als junger Mann die soziale Ordnung umzuwandeln.*[62]

[60] A.d.V.: siehe bei Fritz Haber: „*Im Frieden der Menschheit, im Kriege dem Vaterland*"

[61] Richards, L. M. (2018) S. 11

[62] a.a.O. S. 10, im Original: „*For artist Salvador Dali, nuclear weapons proved God existed, an exaltation he captured in his painting ›Christ of Saint John of the Cross‹ (1951). For Soddy, the exaltation he said he experienced having been given a glimpse of how the atomic and chemical structure of the universe was determined proved not God, but his own responsibility as a very young man to transmute the social order. (...) Soddy as a youth was concerned with the distribution of wealth. He saw science and*

Im Dezember 2013, aus Anlass des einhundertsten Jahrestages der erstmaligen öffentlichen Erwähnung des Konzepts der Isotopie durch Soddy, schreibt G. B. Kauffman:

> *Soddy erkannte als Erster die theoretische Möglichkeit der Atomenergie (Nuklearenergie) (…) Als wirklicher Visionär erweist er sich, indem er 1926 in seinem Buch fragt, wie die Welt aussähe, wenn es den Menschen tatsächlich gelänge, Atomenergie verfügbar zu machen. Diese Frage beantwortet er umgehend selbst: ‚Wenn diese Möglichkeit morgen bestünde, würde jede Nation ohne Ausnahme sie zu kriegerischen Zwecken nutzen; genauso, wie es mit den neu entwickelten chemischen Kampfstoffen geschah, die im Giftgas-Krieg eingesetzt wurden'.*[63]

Diese frühe Vision Soddys wurde schon im Jahr 1914 durch den britischen Schriftsteller H. G. Wells aufgegriffen, ausdrücklich inspiriert durch Soddys Veröffentlichungen, welche in seinen Science-Fiction-Roman THE WORLD SET FREE einfließen. Darin beschreibt er eine erste – obschon fiktive – Darstellung einer Kettenreaktion, wie sie in Soddys spekulativen Beschreibungen in THE INTERPRETATION OF RADIUM enthalten sind. Verstörenderweise lösten Wells' fiktive „Atombomben" eine „glühende, unaufhörliche Explosion" aus, die sich „nie ganz erschöpft" und Tschernobyl und später Fukushima als „klaffende, ewig strahlende" Wunden beschwört.[64]

Auch Strub weist darauf hin, dass Wells das Problem der Kontamination in seinem Roman korrekt voraussah.[65] Zündung und Explosion der Kernwaffe sind nur der kurzfristige Schaden, weit schwerwiegender wirken sich radioaktiver Fallout und die Kontaminationen durch radioaktive Spaltprodukte aus, die aus dem Uran oder Plutonium entstehen und durch die Explosion und den Wind weiträumig verteilt werden und große Gebiete über lange Zeit hinweg unbewohnbar machen.

---

technology as a way to improve human lives on a practical scale by ending poverty and war. (...) Soddy felt selected to translate radioactivity into social change."

[63] Kauffman, G. B. (2013)

[64] Richards, L. M. (2018) S. 11, im Original: „*This led to a reversal of Soddy's best intentions: to nuclear bombs, which Soddy feared, and later, nuclear power, which Soddy thought could create equality by distributing access to energy fairly in an unjust world. Disturbingly Wells' fictional 'atomic bombs' induced a 'blazing continual explosion' that it is 'never entirely exhausted', evoking Chernobyl and later Fukushima as gaping eternal radiant wounds."*

[65] Strub, E. (2005)

Der Physiker Leo Szilard las diesen Roman in den 30er Jahren und bezog daraus, wie er sagte, zunächst mehr Anhaltspunkte zur Funktionsweise einer atomaren Kettenreaktion, als aus den bis dahin vorliegenden fachlichen Veröffentlichungen seiner Kollegen, die einer solchen Möglichkeit zunächst überwiegend skeptisch gegenüberstanden.[66]

Angesichts der theoretischen Möglichkeiten und der weltpolitischen Situation Anfang 1939 fürchtete man schon bald eine deutsche Superwaffe: Mit einer „Uranbombe" wäre Hitler unbesiegbar, wenn man die Versuche des inzwischen in den USA lebenden Leo Szilard sowie von Irène und Frédéric Joliot-Curie in Paris berücksichtigte, die eine Kettenreaktion tatsächlich nahelegten. Szilard und einige Freunde, darunter der seit 1935 in den USA lebende Ungar Ed Teller, beschlossen daher, wenigstens die amerikanische Regierung auf die Möglichkeit einer solchen Bombe hinzuweisen. Aber erst als Szilard die Bitte an Albert Einstein richtete, einen Brief an Präsident Roosevelt zu schreiben, wurde diese Warnung im Oktober 1939 von Präsident Roosevelt gehört.[67]

Auch in England meldete der Physiker George P. Thomson dem Luftfahrtministerium die möglichen Folgen einer Kettenreaktion. Bereits 1940 hatten der inzwischen nach England emigrierte Otto Frisch und der aus Berlin stammende Rudolf Peierl, der als Jude bereits 1933 nach England emigriert war, gezeigt, dass eine mit dem spaltbaren Uranisotop Uran 235 gebaute Bombe eine Sprengkraft von mehreren tausend Tonnen TNT haben würde. Im Juli 1941 kam Thomson zu dem Schluss, dass es „ziemlich wahrscheinlich" sei, dass eine solche Bombe noch während des Krieges hergestellt werden könne. Diese Entdeckung stimulierte auch die Amerikaner, die im Dezember 1941 beschlossen, einen ernsthaften Versuch zum Bau der Waffe zu unternehmen und schon im Folgejahr ihre Forschungen mit den Briten zusammenlegten und

---

[66] A.d.V.: Ein verheerendes Eigentor schoss sich der Amerikaner R. A. Millikan (Nobelpreis für Physik 1923), der 1930 zu den Aussagen von Soddy folgendes schrieb, zitiert aus Scribner's Magazine, 872 (1930), S. 120 (Übersetzung d. Verf.): *„(...) seit Mr. Soddy das Schreckgespenst gefährlicher Mengen subatomarer Energie aufgeworfen hat, hat [die Wissenschaft] gute Beweise dafür erbracht, dass dieser besondere Kobold – wie die meisten der Schreckgespenster, die sich in den Köpfen der Unwissenheit tummeln – ein Mythos war. (...) Die neuen Beweise, die aus weiteren wissenschaftlichen Studien hervorgegangen sind, besagen, dass es höchst unwahrscheinlich ist, dass es irgendeine nennenswerte Menge an verfügbarer subatomarer Energie gibt, die der Mensch anzapfen kann."*

[67] A.d.V.: Die Korrespondenz von Leo Szilard ist hier dokumentiert: http://nuclearfiles.org/menu/library/correspondence/szilard-leo/corr_szilard_1939-01-25.htm

gemeinsam in den Vereinigten Staaten durchführten. Der Codename des höchst geheimen Projekts wurde später als „Manhattan Project" bekannt.

Als Niels Bohr 1943 aus Kopenhagen fliehen musste, ermutigte ein Gespräch mit Heisenberg und von Weizsäcker die anglo-amerikanischen Bemühungen, Hitler beim Bau der Atombombe zuvorzukommen. Dies führte in der Folge zu einer völligen Verkehrung der ursprünglichen Intentionen von Soddy: Zunächst zu Atombomben, die Soddy verabscheute und später zur friedlichen Nutzung der Atomkraft, von der Soddy annahm, dass dadurch ein sozialer Ausgleich hergestellt werden könnte, indem in einer ungerechten Welt faire Chancen bei der Verfügbarkeit und der Verteilung von Energie entstehen. Dass diese Möglichkeiten aufgrund des Geldsystems eventuell vereitelt werden könnte, dämmerte Soddy schon weit vor dem Zweiten Weltkrieg.[68] So spricht er beim ‚Banquet Speech' anlässlich der Verleihung des Nobelpreises 1922 von den Kehrseiten der wissenschaftlichen Forschung:

> *Der Initiator dieses Toasts hat heute die Arbeit der neuen Preisträger großzügig gewürdigt, wofür wir alle, so wie ich, zutiefst dankbar sein müssen. Aber er hat auch die dunklere Seite des Bildes berührt. Als Naturwissenschaftler möchte ich meinen Teil der Verantwortung und der Schuld dafür anerkennen und übernehmen. Als Forscher haben wir alle zweifellos gespürt, dass unsere Arbeiten oft zu niederen Zwecken eingesetzt wurden, was zu einer Katastrophe führen muss. Aber was für den Moralisten die Sünde und für den Juristen das Verbrechen ist, das ist für den Wissenschaftler die Unwissenheit. Auf unserer Bühne sind Wissen und Unwissenheit die ewigen Widersacher. Die Wissenschaftler können sich kaum dem Vorwurf der Unwissenheit entziehen, wenn es um die konkreten Auswirkungen des Einflusses der modernen Wissenschaft auf die Lebensweise der Menschen und auf ihre Zivilisation geht. Für sie ist ein solcher Vorwurf schlimmer als der eines Verbrechens.*[69]

Es war daher nur selbstverständlich, dass Soddy gegen Ende seines Lebens die „Mainau-Erklärung" (15.07.1955) unterzeichnete. Die Bodensee-Insel war Schauplatz eines seitdem regelmäßig stattfindenden

[68] Davies (1992) zitiert aus einem Brief von Soddys Neffen: „*After he recoiled from his glance into the abyss of nuclear warfare in about 1915, the career of a great scientist appears to have gone progressively sour on him. He died a very sad man.*"

[69] https://www.nobelprize.org/prizes/chemistry/1921/soddy/speech/

Treffens von Nobelpreisträgern. Die Deklaration wurde von den beiden deutschen Physiknobelpreisträgern Otto Hahn und Max Born initiiert und ist eine Erklärung gegen den Einsatz von Atomwaffen. Sie wurde von mehr als einem Dutzend internationaler Nobelpreisträger unterstützt und zielte darauf ab, Staaten und Regierungen in aller Welt auf die Gefahren der militärischen Nutzung der Kernenergie aufmerksam zu machen.

Die „friedliche" Nutzung der Kernenergie nach dem Krieg zeigte eine aus heutiger Sicht außerordentliche Technikeuphorie: Der britische Biologe Julian Huxley, Bruder des Schriftstellers Aldous, wollte mit Atombomben die Polkappen abschmelzen, um eine angenehmeres Weltklima zu schaffen; amerikanische Ölfirmen wollten das Öl aus kanadischen Teersanden sprengen; Atomgärten oder „Gammagärten" wurden in diversen Ländern gegründet und sollten dazu dienen, die Auswirkungen von Strahlung auf die Pflanzenwelt zu testen, um schließlich nützliche Mutationen einzuführen. Köpfe mit mehr Realitätssinn dachten an Atomkraftwerke: Um aus einer Atombombe ein Atomkraftwerk zu machen, muss die Kettenreaktion kontrolliert werden, indem überzählige Neutronen abgefangen werden. Die Leistung des Reaktors bleibt stabil, wenn aus jeder Kernspaltung genau ein Neutron übrigbleibt, welches nur eine einzige weitere Kernspaltung auslöst. Diese Aufgabe übernehmen „Steuerstäbe", die zwischen die „Brennstäbe" geschoben werden.

Bald wurde klar, dass die praktische Umsetzung so einfach nicht ist: Kernreaktoren sind nicht einfach ein neues Heißwassersystem. Die „Kettenreaktion" im Kleinen setzt eine Logistik-Kette im Großen voraus: Uran muss angeliefert, in Aufbereitungsanlagen angereichert und einsatzbereit gemacht werden. Hohe Sicherheitsauflagen und Überwachungssysteme sind erforderlich und die abgenutzten Brennelemente müssen verarbeitet und entsorgt werden. Aber all diese Systeme gab es anfangs noch nicht. Die versprochene Senkung der Stromkosten durch die Kernenergie war also nur eine Annahme, und es stellte sich bald heraus, dass die Kosten viel höher waren als erwartet. So macht selbst in unserer Zeit der Anteil der Atomenergie am Gesamtstrommarkt nicht viel mehr als 10-12% aus und trägt an der Last des Gesamtenergiebedarfs kaum 2-4%.

Dennoch war die Möglichkeit, diese große Energiequelle friedlich als auch kriegerisch zu nutzen, eine der wesentlichen Faktoren beim Umbau der geopolitischen Konstellationen und dem Verlauf des Kalten Krieges. Wie die Geschichte der Atomenergie und die Diskussionen um nationale Atomprogramme zeigte, sind zivile und militärische Nutzung der Atomenergie nicht eindeutig voneinander zu trennen. Die Techniken zur Anreicherung von Uran sind prinzipiell die gleichen: Das in Atomkraftwerken entstehende Plutonium lässt sich ebenfalls für Atombomben verwenden. Einen Monat vor seinem Tod konnte Soddy miterleben, wie das weltweit erste Kernkraftwerk, das Elektrizität in kommerziellem Maßstab lieferte, ans Netz angeschlossen wurde: Calder Hall bei Sellafield, Cumbria, im Nordwesten Englands (Anschluss am 27. August 1956). Der eigentliche Zweck des Kernkraftwerks wurde 1961 bekannt. Er bestand primär nicht in der Erzeugung von Strom für die Allgemeinheit, sondern in der Herstellung von Plutonium für Atomwaffen. Ab 1964 wurde es hauptsächlich für kommerzielle Brennstoffkreisläufe verwendet.

Ob neuere Technologien eine bessere Aussicht bringen, muss noch in der Praxis gezeigt werden. Hoffnung macht der Dual-Fluid-Reaktor[70] oder die zurzeit in Russland geplanten bleigekühlten Reaktoren[71], die mit Uran-Plutonium-Nitrid-Brennstoff betrieben werden sollen und auch eine Aufbereitungsanlage umfassen, mit denen der Brennstoffzyklus geschlossen werden kann und ein Recycling alter Brennstäbe möglich wird. Um noch einmal Soddy zu zitieren:[72]

> *So würde die volle primäre Quelle der natürlichen Energie an ihrer Quelle in die Kanäle des menschlichen Bewusstseins und in die Zweckbestimmung umgeleitet werden, um von den Menschen gebraucht oder missbraucht zu werden, je nachdem, ob die langen und bitteren Lektionen der schmerzvollen Vergangenheit tatsächlich gelernt worden sind.*

---

[70] Ein solcher Reaktor (https://dual-fluid.com) kann aus dem ungenutzten Uran-238 eines typischen abgebrannten LWR-Brennelements (Masse ca. 1 Tonne) etwa 2,5 Jahre lang eine thermische Leistung von 1 Gigawatt gewinnen. Zudem soll der DFR auch Thorium nutzen können. Damit würden die Kernbrennstoffressourcen der Erde über tausende von Jahren ausreichen.

[71] http://www.nukeklaus.net/category/reaktortypen/schnelle-reaktoren/

[72] Howorth, M. (1958) S. 152 nach Soddy, F. (1920) *The Interpretation of Radium.* Murray, 4th ed.: *„So would be diverted into the channels of human consciousness and purpose the full primary fountain of natural energy at its source, for use or misuse by men according as to whether the long and bitter lessons of the painful past have yet been really learnded."*

Der Ökonom Soddy – Das sozial-ökonomische Werk

Das naturwissenschaftliche Wirken von Soddy liegt ausführlich dokumentiert und publiziert vor. In solchen Beiträgen wird mitunter auch sein Interesse an sozialökonomischen Fragen mehr oder weniger detailliert erwähnt. Im besten Fall wird auch auf seine diesbezüglichen schriftlichen Werke hingewiesen.

Ansonsten herrscht bis heute die damalige Ansicht vor, Soddy hätte mit seinen öffentlichen und publizistischen Aktivitäten - auf dem für ihn fachfremden Gebiet der politischen Ökonomie - mehr seiner wissenschaftlichen Reputation geschadet, als Nutzen gestiftet.

Zu dieser verbreiteten Auffassung muss angemerkt werden, dass in der Zeit nach Ende des 1. Weltkriegs bis Mitte der 30er Jahre in vielfältiger Weise heftige Auseinandersetzungen über angemessene politische Maßnahmen zur Verbesserung der sozialökonomischen Verhältnisse stattfinden: Die Zeitumstände sind in vielen Ländern von Massenarbeitslosigkeit, Geldentwertungen und den damit einhergehenden Verwerfungen und Umbrüchen in den gesellschaftlichen, sozialen, wirtschaftlichen und politischen Verhältnissen gekennzeichnet.

Insbesondere wird über die richtigen wirtschaftspolitischen Lösungen äußerst heftig gestritten. Es bestehen sehr kontroverse Auffassungen über die Beherrschung der wirtschaftlichen Entwicklungen, die geprägt sind von einerseits stark inflationären Erscheinungen, wie z. B. in Deutschland. Im Gegensatz dazu aber auch von deflationären und ruinösen Zuständen, wie z. B. in den USA, bei gleichzeitiger Massenarbeitslosigkeit und zunehmender Verarmung der Bevölkerung, trotz enormer Entwicklung der produktiven Kräfte.

In seinem Heimatland stoßen die sozial- und polit-ökonomischen Beiträge Soddys auf geringe positive Resonanz. In den Augen der britischen Öffentlichkeit ramponiert er damit sein Ansehen und seine Anerkennung als Nobelpreisträger. Die führende englische Tageszeitung sieht sich aufgrund dessen sogar zu einem äußerst hämischen Kommentar veranlasst:

> *Für die meisten von uns entwickelten seine Artikel und Bücher kaum Anziehungskraft. Das Beste was darüber ausgesagt werden könnte wäre, dass*

> *sie den Versuch darstellten ein Geld- und Währungssystem auf der Grundlage von Energiemengen zu definieren. In gewisser Weise hatten sie etwas Gemeinsames mit den kanadischen Ideen eines ‚Sozialen Kreditsystems'.*[73]

Genauso geringe Beachtung findet Soddy mit seinem Werk auch im deutschsprachigen Raum. Zu den wenigen Ausnahmen, die auf seine Gedanken eingehen, zählten Söllner[74] oder Million[75].

Die Ausgangsfrage: Das ökonomische Paradoxon

Nach Ende des 1. Weltkrieges und mit seiner Ernennung zum Professor an der Universität Oxford beschäftigt sich Soddy intensiv mit allgemeinen wissenschaftlichen Fragestellungen. Ihn bewegt das Missverhältnis zwischen den ungeheuer großen Fortschritten, insbesondere in den naturwissenschaftlichen Erkenntnissen, und den geringen Verbesserungen in den sozialen Lebensverhältnissen der Bevölkerung. Deshalb macht er sich fortan Gedanken über die Voraussetzungen, die Fähigkeiten und Möglichkeiten der Gesellschaft, mit dem entdeckten Energiepotential aus dem spaltbaren Material verantwortungsvoll umgehen zu können.

Die in dieser Zeit vielfältigen gesellschaftlichen und politischen Entwicklungen finden ihren Niederschlag in wissenschaftlichen Diskussionen über die weitere Gestaltung von Wirtschaft und Politik. Ausgelöst durch die Nachwirkungen und Folgen der kriegerischen Auseinandersetzungen, sowie begleitet von eminenten Fortschritten in wissenschaftlichen Erkenntnissen, befinden sich darunter Vorschläge sehr unterschiedlicher Richtungen zur Lösung der nicht selten drängenden Probleme. In England gehören dazu umfangreiche Diskussionen im Zusammenhang mit den wirtschaftlichen Fragen der Währung, der Beschäftigung und des Außenhandels.

Soddy als einen Wanderer zwischen den Welten der Wissenschaften zu sehen, ist also nicht nur auf die äußeren umwälzenden Entwicklungen während seiner Lebenszeit zu beziehen, sondern auch auf seine

[73] Merricks, L. (1996a)
[74] Söllner, F. (1999)
[75] Million, C. (2006)

persönliche Entwicklung vom preisgekrönten Naturwissenschaftler zum hellsichtigen Analytiker von sozialökonomischen Zuständen mit naturwissenschaftlich begründeten Einsichten.

Er trennt die Ökonomische Theorie auf: In eine psychologische Seite - „Schulden" (Debt) - und eine physikalisch bestimmte Domäne - den „Wohlstand" (Wealth). Der Begriff ›Wealth‹ müsste in diesem Zusammenhang exakter formuliert werden als der ›Vermögenswert‹.

Seine Kritik an den vorherrschenden Ansichten über die Wirtschaft, sie gleiche einer mechanischen Maschine und sei in der Lage, grenzenlos Wohlstand zu erzeugen, wird von seinen Nachfolgern in dem sich entwickelnden Zweig der *Ökologischen Ökonomie* wieder aufgenommen werden.

Soddy will auch verstehen, wie das monetäre System in der Praxis arbeitet und wie es eigentlich funktionieren sollte, um Produktion und Konsumtion zu maximieren. Als Naturwissenschaftler will er eine physikalische und nicht monetär begründete Definition von Wohlstand und Vermögensbildung finden. Er wendet die damals neuesten Erkenntnisse aus Chemie und Physik auf originäre Fragestellungen der Sozial-Ökonomik an und entwickelt eine Sichtweise auf die Wirtschaft, welche aus physikalischen Gesetzmäßigkeiten begründet wird - insbesondere aus den Gesetzen der Thermodynamik. So wie er einen rigorosen Anspruch an die Wissenschaftlichkeit seines eigentlichen Faches stellt, überträgt er diesen Anspruch auf die Ökonomik in gleicher Weise, die sich wissenschaftlichen Prinzipien erst noch stellen müsse.

In diesem Kapitel sollen seine vier Hauptschriften, die zwischen 1922 und 1934 erscheinen kurz charakterisiert und in Auszügen wiedergegeben werden. Dabei ist eine erschöpfende Darstellung hier nicht möglich. Die deutsche Fassung der Londoner Vorträge von 1921, die im Folgejahr als Buch CARTESIAN ECONOMICS erscheinen, sind in Teil 2 der vorliegenden Publikation wiedergegeben. Die Übersetzung der anderen genannten Schriften ist in Vorbereitung. An dieser Stelle kann es bei dem großen Umfang der Werke nur um eine stichpunktartige Zusammenfassung gehen.

Cartesian Economics

Seine Befassung mit den ökonomischen Problem- und Fragestellungen führt alsbald zu einer ersten öffentlichen Stellungnahme im Jahre 1921. Kurz nach seiner Auszeichnung mit dem Nobelpreis in Chemie tritt Soddy auf einem gänzlich anderen wissenschaftlichen Gebiet zu einem Vortrag an: Zwei universitäre Einrichtung mit hoher Reputation in Fragen der ökonomischen Forschung geben ihm die Möglichkeit, mit einer ›*Lecture*‹[76] zu einem von seiner eigentlichen Profession völlig entfernten Thema in die Öffentlichkeit zu treten.

Der Titel seines Vortrags wirkt, um es vorsichtig auszudrücken – jedoch ganz nach Soddyscher Art – erklärungsbedürftig und äußerst verklausuliert: CARTESIAN ECONOMICS: THE BEARING OF PHYSICAL SCIENCE UPON STATE STEWARDSHIP. Der Untertitel ›Die Bedeutung der physikalischen Wissenschaften für die öffentliche Verwaltung‹ weist auf den Anspruch hin, hiermit eine naturwissenschaftliche Fundierung der Ökonomie zu erreichen. Soddy kommt ohne allzu große Umschweife auch direkt zur Sache und leitet seinen Vortrag mit den folgenden Sätzen ein:

> *Ich beabsichtige das bekannte physikalische Wissen in Beziehung zu der Frage zu setzen ‚Wovon lebt die Menschheit'? Diese Frage müsste die vorrangige Frage sein, die ein Ökonom versuchen sollte, zu beantworten. Ich bin absolut nicht der Erste, der diese Frage stellt, aber die heutigen Ökonomen scheinen vergessen zu haben, dass diese Frage nach wie vor existiert, während die früheren Ökonomen zu einer Zeit lebten, als der wissenschaftliche Erkenntnisstand noch keine exakte Antwort auf diese Frage geben konnte.*[77]

Nach einigen weiteren Ausführungen beantwortet er seine Eingangsfrage: „*Bezogen auf den heutigen Kenntnisstand der Wissenschaften lautet die Antwort auf die Frage, wovon die Menschheit lebt, genauso wie für alle anderen Lebewesen, (…) von Sonnenenergie!*"

Erlischt die Sonne, stirbt das Leben auf der Erde, nicht nur die belebte Natur, sondern auch der größte Teil der unbelebten Natur. Für alle irdischen Lebensformen steht die Sonnenenergie als die dominierende

---

[76] A.d.V.: Der Titelzusatz lautet: ›Two Lectures to the Student Unions of Birkbeck College and The London School of Economics‹, Original online z. B. frei verfügbar in http://habitat.aq.upm.es/boletin/n37/afsod.en.html (zuletzt aufgerufen 17.07.21)

[77] Soddy, F. (1922) - siehe Übersetzung der beiden Vorträge im Teil 2 dieses Buches

Energiequelle zu Verfügung. Pflanzen, Tiere und die Menschen sind unterschiedlich ausgerüstet, sich diese Energie nutzbar zu machen; die Pflanzen sind durch die Photosynthese in der Lage, direkt die Sonnenenergie zu nutzen, Tiere und Menschen nur in indirekter Weise. Damit hat er einen wesentlichen Grundgedanken seines ökonomisch-ökologischen Wissenschaftsprogramms der „Kartesischen Wirtschaftslehre" bereits klar umrissen.

Ein zweiter wichtiger Punkt betrifft die Auffassung über die Bedeutung von Energie und den Umgang damit im wirtschaftlichen Prozess. Die Wirtschaft wird häufig mit einer Maschine verglichen, aber wenige wissenschaftliche Ökonomen folgen diesem Vergleich in seinen logischen Konsequenzen und Schlussfolgerungen. Wie jeder Maschine muss auch der Wirtschaft Energie zugeführt werden. Das erste und zweite Gesetz der Thermodynamik verbieten die Annahme eines Perpetuum mobile, also eines Mechanismus, der sich ohne Energiezufuhr von außen selbständig dauernd in Bewegung hält. Eine physikalische Unmöglichkeit! Einmal genutzte Energie kann nicht wieder in der gleichen Weise eingesetzt werden. Die Gesetze der Thermodynamik lassen nur den Nutzungsweg in eine Richtung, von höherwertigen zu geringwertigeren Nutzungen zu. Ein Tier kann sich nicht in stets wiederholender Weise von seinen Exkrementen dauerhaft ernähren! Und so kann auch der Benzintank im Auto nicht aufgefüllt werden, indem das Auto rückwärts bewegt wird.

Einen dritten, in Soddys wissenschaftlichem Wirken unveräußerlichen Aspekt, bringt er ebenso zur Sprache: Seinen Anspruch an die ethische Integrität in der Wissenschaft. Diese unbeugsame Einstellung kommt auch in seinem Vortrag überdeutlich zum Ausdruck:

> *Ich weiß, es ist eine brennende Frage, ob sich die Ökonomik überhaupt mit Fragen der Ethik beschäftigen sollte. Aber aufgrund ihrer Verpflichtung zum Verständnis der Lebenszusammenhänge und deren Gestaltung, sollte darüber kein Zweifel bestehen. Wenn sie sich als Wissenschaft verstehen will, ist sie mit der Wahrheit befasst. (…) die Ökonomik hat dieselben wissenschaftlichen Ansprüche zu erfüllen, (…) Mit meinen Ausführungen möchte ich ihnen zeigen, dass es nur der Anwendung alltäglicher*

> *technischer Prinzipien auf die Lebensvorgänge bedarf, wodurch die Phantastereien der ökonomischen Scheinwelt (...) korrigiert werden können.*[78]

Insgesamt sind alle wesentlichen Gedanken Soddys zur naturwissenschaftlichen Ökonomie in diesen beiden Vorträgen aus dem Jahr 1921 in kurzer Form angesprochen, weswegen es das Anliegen der Autoren war, hiervon eine deutsche Fassung herauszubringen. Die von ihm in den Jahren danach veröffentlichten Bücher zu Fragen des Geldes und der Wirtschaft werden im Weiteren mur kurz angesprochen, die Übersetzung dieser ökonomischen Werke ist in Vorbereitung.

Wealth, Virtual Wealth and Debt

In kurzen zeitlichen Abständen erscheinen in den 20er und 30er Jahren des vorigen Jahrhunderts, bedingt durch die sozialen und politischen Umwälzungen diese Zeit, Bücher aus äußerst unterschiedlichen theoretischen und persönlichen Perspektiven auf dem weiten Feld der Ökonomie. Zwei wesentliche Werke widmen sich den ökonomischen Problemen ihrer Zeit mit ganz neuartigen Lösungsansätzen, beide Autoren sind Engländer und in ihrem jeweiligen Fachgebiet ausgewiesene und anerkannte Könner, entstammen jedoch völlig verschiedenen wissenschaftlichen Disziplinen.

Der eine von Ihnen ist ein prominenter Wirtschaftsprofessor, der u. a. an internationalen Schuldenverhandlungen nach dem ersten Weltkrieg beteiligt war. Er hatte bereits Jahre zuvor ein äußerst profundes und wirkungsmächtiges wirtschaftstheoretisches Werk verfasst. Nach eigenem Bekunden war er sehr tief in der in den Jahrzehnten zuvor entwickelten ökonomischen Theorie verankert und befangen. Durch das Verfassen seines neuen Buches gelangt er jedoch zu einer völlig neuen Erkenntnis: Bei der herkömmlichen, auch von ihm bisher mit Überzeugung vertretenen ökonomischen Theorie handele es sich nur um einen Spezialfall einer allgemein gültigen Theorie zur Erklärung für die realen wirtschaftlichen Entwicklungen. Deshalb gibt er – die Rede ist von dem Ökonomen John Maynard Keynes – seinem Buch auch den Titel THE GENERAL THEORY OF EMPLOYMENT, INTEREST AND MONEY. Es erscheint 1936.

[78] a.a.O. (2. Vortrag)

Beim zweiten Autor handelt es sich um Frederick Soddy, dessen erste Auflage seines zentralen Werkes WEALTH, VIRTUAL WEALTH AND DEBT im Jahr 1926 erscheint. Darin präsentiert er die Ergebnisse seiner Analysen. Im Untertitel kündigt er - nicht unbescheiden - die „Lösung des Ökonomischen Paradoxons" an. Er konstatiert nämlich ein höchst widersprüchliches Phänomen: Auf der einen Seite kommt es aufgrund der Ergebnisse erfolgreicher naturwissenschaftlicher Forschungen zu ungeheuren Produktivitätsfortschritten in der Wirtschaft. Gleichzeitig erhöht sich auf der anderen Seite die Armut und die Verelendung großer Teile der Bevölkerung schreitet immer weiter voran. Er bezeichnet diese Zustände als *‚the economic paradox of the age'*.

Ein weitergehender Bezug zu Keynes ist im Falle Soddys nicht erkennbar. Die Argumentation von Soddy baut auf der „klassischen Ökonomik" auf, berücksichtigt jedoch nicht die typischen Aspekte der Hauptstrom-Ökonomie wie Unsicherheit der Wirtschaftssubjekte, mögliche disruptive Innovationssprünge, die Fragen der Auslastung des gesamtwirtschaftlichen Produktionspotentials oder die Möglichkeiten eines staatlich praktizierten „deficit spending". Insgesamt bewegt sich Soddy, was die physikalische, naturwissenschaftliche Seite betrifft, mit seinen Argumenten auf durchaus sicherem Grund, ist jedoch ökonomisch und damit in Bezug auf die Finanzökonomie, der Keynes zuzurechnen ist, noch in einer recht statischen Denkwelt beheimatet. Dieser Ansatz reicht jedoch, wie wir sehen werden, vollkommen aus, um die grundlegenden Impulse zur Erneuerung des ökonomischen Denkens zu geben.

Nach ausführlicher Analyse der wirtschaftlichen Zustände und der ökonomisch-politischen Zusammenhänge seiner Zeit schreibt er: *„In den acht Jahren seit Ende des Krieges haben sich die Wolken wieder verdunkelt und die Leute ahnen schon, dass es nur eine Frage der Zeit ist, bis ein neuer Krieg ausbricht, ungleich größer und grausamer."*[79] Im Blick auf die Ergebnisse seiner ökonomischen Untersuchungen stellt er dann weiter fest:

> *Kein Jota hat sich an den grundlegenden ökonomischen Ursachen verändert, die den letzten Krieg ausgelöst haben (...) Das riesige Potential an Produktivkräften, insbesondere in der chemischen Industrie und im Anlagenbau benötigt Absatzmöglichkeiten. Wenn die verrückten Aktivitäten*

[79] Soddy, F. (1933)

auf den Finanzmärkten verhindern, dass es in zivile Projekte investiert werden kann, bleibt nur übrig, es zu militärischen und kriegerischen Vorbereitungen zu verwenden.[80]

Diese Prophetie teilte er übrigens mit Silvio Gesell, der zur gleichen Zeit und auf Basis der gleichen Überlegungen zu dieser Schlussfolgerung gekommen war.[81]

Seine Einblicke in den Stand der ökonomischen Wissenschaften veranlassen ihn zu einigen wenig schmeichelhaften und nicht gern gehörten Äußerungen über deren Zustand. Seine Ansicht zu den professionellen Wirtschaftswissenschaftlern seiner Zeit und ihren Erkenntnissen bringt er außerordentlich klar und unverblümt zum Ausdruck.

Er überschreibt das Kapitel IV mit ›Die Irrtümer der Orthodoxen Ökonomen‹. Darin führt er aus:

Wohlstand als Forschungsgegenstand hat sich für moderne Ökonomen und ihre Analysen als zu schwierig und kompliziert herausgestellt. Die früheren Ökonomen versuchten damit analytisch umzugehen, aber die neue Schule nimmt Wohlstand und seine Entstehung als gegebene Größen an und befasst sich mit dem Studium der Schulden, oder wie wir noch sehen werden, mehr mit Chrematistik als mit Ökonomie. Schulden, ihre Entwicklung und Erklärung unterliegen eher den Gesetzen der Mathematik als den Gesetzen der Physik. Anders als Wohlstand, Reichtum und Vermögen welche den Gesetzen der Thermodynamik unterworfen sind, verschwinden Schulden nicht mit ihrem Alter und werden nicht im Lauf des Lebens verbraucht. Im Gegenteil, sie wachsen, um so und so viel Prozent pro Jahr, gemäß den mathematischen Gesetzmäßigkeiten der Zinseszins-Rechnung. Dieser Prozess ist aus nachvollziehbaren Gründen physikalisch unmöglich, obgleich der gegensätzliche Vorgang fortschreitender Abnahme physikalisch allgemein durchaus üblich ist.

Diese Kritik am Geldwesen, gerade in Bezug auf die inhärenten Gefahren durch den Zins und die private Geldschöpfung, nimmt weiten

---

80 ebd.

81 Silvio Gesell, Offener Brief an die BERLINER ZEITUNG AM MITTAG, 1918: „*Trotz des heiligen Versprechens der Völker, den Krieg für alle Zeiten zu ächten, trotz der Rufe der Millionen: Nie wieder Krieg!, entgegen all den Hoffnungen auf eine schöne Zukunft, muß ich sagen: wenn das heutige Geldsystem, die Zinswirtschaft, beibehalten wird, so wage ich es, heute zu behaupten, daß es keine 25 Jahre dauern wird, bis wir vor einem neuen, noch furchtbareren Krieg stehen!*“

Raum ein, wie auch im Vorwort zur Amerikanischen Ausgabe, die 1933 erschien, verlautbart wird:

> *Der einzige Weg, in dem heutzutage das Bankwesen sicher für Bank und Nation gemacht werden kann, liegt darin, die Nation zum Banker zu machen. Der gegenwärtige Zustand Europas und seiner einst stolzen Nationen, schwerwiegend gestört, ein inneres Chaos oft bis zur Verzweiflung, spricht Bände über das Gesetz der Banken. Hier wird das, was für den Banker als gefährlich angesehen wird, als viel zu gefährlich für die Nation angesehen, um nur auch diskutiert werden zu können und die Öffentlichkeit wird sorgsam und umsichtig von jeder tieferen Erkenntnis abgeschirmt über den lächerlichen Humbug, den dieses Buch durchleuchten möchte.*

Unter dem Eindruck der genannten wirtschaftlichen Umstände in diesen Jahren, die geprägt sind von Pleiten, Inflation und Deflation und welche die Bevölkerung in Europa und den USA in Not bringen, werden die Ausführungen Soddys schärfer und direkter. In seinem intellektuellen Umfeld dieser Zeit, insbesondere unter den Kritikern des Kapitalismus, finden auch immer wieder anti-jüdische (oder wie es heute oftmals unscharf formuliert wird: „anti-semitische") Kommentare in die Diskussion. Diese haben die jüdischen Bankhäuser in Europa und Amerika als Ursache für die wirtschaftlichen Schwierigkeiten im Fokus – siehe auch die bekannten Zitate aus dem Munde des amerikanischen Präsidenten Woodrow Wilson –, gehen damit aber vollkommen an der Sache vorbei, da ohne Berücksichtigung systemischer Fehler des Bankwesens an sich.

Soddy hat in diesem Werk im Unterkapitel › Is there a Financial Conspiracy?‹ eine Fußnote[82] mit dem Hinweis auf die sogenannten „Protokolle" eingefügt, welche zum Zeitpunkt des Schreibens in der englischen Übersetzung veröffentlicht worden waren: „*Compare, for example, Protocols of the Learned Elders of Zion, from the Russian of Nilus, translated by V. E. Marsden, The Britons Publishing Co., 1925.*"

---

[82] A.d.V.: Soddy schreibt seine Fußnote an das Ende dieses einleitenden Satzes: „*It is very widely believed that there has been something akin to an actual financial conspiracy to enslave the world.*" Er fährt dann aber fort mit einer Systemkritik: „*The Westerner is not exactly the quickest in the uptake where the elusive principle of Virtual Wealth is concerned. It has escaped the purview of the professed theoretical economists, who seem to have remained entirely oblivious of the profound changes going on under their eyes in the very nature of money. Conspiracy or not, there can be little question that the power these discoveries have put into the hands of financiers will, if not controlled, enable them in their own time and choice effectively to conquer the world.*"

Er bezieht sich also mehr auf den seit Jahren anhaltenden und weit beachteten Diskurs im Allgemeinen (so in Amerika unter dem Einfluss von Henry Ford), als auf die Protokolle selbst. Wie man an seinem Vorwort aber schon erkennt, liegt sein Fokus auf der Systemkritik des Finanzwesens, nicht einer Anschuldigung einer kleineren Gruppe darin:

> *Diejenigen, die verstehen wollen, wie ein Magier seine Kunststücke vollbringt, sollte dem Rat der Zauberer folgen, den Blick auf die andere Hand zu wenden, nicht die Hand, auf die die Aufmerksamkeit des Publikums so gewandt und redselig abgelenkt wird. Aber was den wissenschaftlich gebildeten Verstand anbetrifft, ist dieser in gnädiger Weise taub. Es ist nicht so sehr ein Unglaube oder Misstrauen gegenüber allen teuren Absichtserklärungen aus dem Munde von edel gesinnten Schotten, selbstlosen Quäkern, Juden, Christen und wem noch – er hört diese einfach nicht an, so konzentriert ist das Bewusstsein auf das Funktionieren des Mechanismus. (…) Die Befürworter und Gegner des Kapitalismus sehen diesen gleichermaßen in der altmodischen Verkleidung von Göttern und Dämonen, aber in diesem Buch räumen Engel und Teufel dem innenliegenden Mechanismus den Weg. Der einzige Weg einen Mechanismus zu kontrollieren, ist, nicht durch Verordnungen und Gesetzgebung, sondern durch Verständnis. Die Wissenschaft hat die Zivilisation auf einen neuen Weg gebracht, auf dem die alten ökonomischen Begriffe von Vermögen und Schulden, Kapital, Arbeit, Geld und dergleichen neue Bedeutungen angenommen haben. Und ehe wir politische und soziologische Debatten eröffnen, ist es gut zu wissen, dass wir die gleiche Sprache sprechen.*

Damit hätten alle Verunglimpfungen Soddys ins Leere laufen können, um sich den Sachfragen zuzuwenden. Jedoch hatte Soddy schon früh das Gefühl, dass er und seine Ökonomie-kritischen Zeitgenossen nicht nur Angriffen ausgesetzt waren, sondern auch die aufgeworfenen Fragen nicht ausreichend diskutiert würden, also eine „Verschwörung des Schweigens" bestünde:

> *Aber von der Existenz einer wirklichen Verschwörung – einer Verschwörung des Schweigens – über alle monetären Probleme, in der Presse und auf politischen Plattformen, unter Redakteuren, Verlegern und Ökonomen, die mehr als alle anderen gegenüber ihrer unendlichen Bedeutung wach und lebendig sein sollten, kann es keine Zweifel geben. Sie existiert, und jeder, der versucht hat, auf die Übel des gegenwärtigen Systems aufmerksam zu machen, wird sie bestätigen. Mr. H. G. Wells soll gesagt haben: ‚Über die Währungsfrage zu schreiben, wird allgemein als anstößige,*

ja fast unanständige Praxis angesehen. Die Herausgeber werden den Verfasser fast tränenreich bitten, nicht über Geld zu schreiben, nicht weil es ein uninteressantes Thema ist, sondern weil es immer ein zutiefst verstörendes war.' (...) Wenn die Ökonomie wirklich eine Wissenschaft wäre, müsste sie sich nicht vor Kritik durch eine Verschwörung des Schweigens schützen.[83]

Natürlich macht sich Soddy nicht beliebt, wenn er die Ökonomen mit Formulierungen angeht wie diesen:

Was die bedeutenden orthodoxen Ökonomen betrifft (alle orthodoxen Ökonomen sind notwendiger Weise bedeutend, sonst wären sie unglaubwürdig), scheinen sie noch in der unglücklichen Lage zu sein, alles zu wissen, außer der Unmöglichkeit, einen Kuchen zwei Mal zu essen – vielleicht noch am ehesten intuitiv – aber immer noch an die schwindelerregenden Eigenschaften eines Zinseszinses zu glauben.[84]

Seine Zinskritik ist in diesem Werk und in keinem anderen Beitrag jemals „anti-semitisch" gewesen und jegliche Zinskritik auch heute noch – wie aus einem Reflex heraus – mit diesem Schlagwort abzuweisen, erscheint so unreflektiert wie ungebildet. Denn es geht hier nicht um ein kulturelles Phänomen, sondern um eine ökonomische Debatte. Als Wissenschaftler bewegte sich Soddy zudem in einem in hohem Maße von jüdischen Forschern geprägten Umfeld, sodass zum einen tiefergehende Abneigungen wohl eher hinderlich gewesen wären, zum anderen sogar eine besonders freundschaftliche Zusammenarbeit, etwa mit Kazimierz Fajans, überliefert ist.[85]

Die Ökonomie auf wissenschaftliche Beine zu stellen, ist das Anliegen Soddys und so fährt er in diesem einleitenden Kapitel mit der Darstellung eines Konzeptes fort, welches für das Verständnis des „virtuellen Vermögens" zentral ist: Dem ›Wealth in the Pipes‹, also einem „Vermögen in den Rohren". Anhand eines Beispiels aus der Ölindustrie schildert Soddy: *„So nutzt die große amerikanische Ölindustrie 100.000 Meilen an Rohrleitungen, die ständig drei Viertel einer amerikanischen Billion (1.000 Millionen) Gallonen Öl fassen."* Dieses Öl könne man nicht konsumieren,

[83] Soddy, F. (1933) Kapitel XIV, S. 324

[84] a.a.O. S. 34 ›CAPITAL AS ALREADY CONSUMED WEALTH‹

[85] A.d.V.: Die „fajans-soddyschen Verschiebungssätze" (a.k.a. „radioaktive Verschiebungssätze") wurden 1913 von Kasimir Fajans und Frederick Soddy aufgestellt. Sie beschreiben, wie sich die Ordnungs- und Massenzahl von Atomkernen bei deren radioaktivem Zerfall ändert.

es sei für den Betrieb „stillgelegt", indem es ständig durch die Rohre fließe. So verhalte es sich auch mit dem entsprechenden Geldvermögen. Dieses „Betriebsmittel" werde aber stets von den Banken als „Investitionsmittel" missbraucht:

> *Der Banker, so weit ist er gekommen, macht sich daran, die Menge des Verbrauchsvermögens – welche jedoch nicht zu verbrauchen ist, da sie benötigt wird, um die Röhren zu füllen – als reales Verbrauchsvermögen zu benutzen, nur weil es möglich ist, die Röhre leer laufen zu lassen, um ihn auszuzahlen. Somit bringt er die ganze Dienstleistung durcheinander.*

Wie Soddy später in THE ROLE OF MONEY definieren wird: „*Money now is the NOTHING you get for SOMETHING before you can get ANYTHING.*" Aus dieser Sicht formuliert er in Kapitel VII ›Virtual Wealth‹, das Geldsystem erfülle seine Aufgabe der Verteilung der Vermögensgüter aufgrund seiner (…)

> *Macht, die es dem Einzelnen verleiht, Vermögen, auf das er ein Anrecht hat, nicht zu besitzen, sondern geschuldet zu bekommen, damit er jede Art oder Menge, die er wünscht, nach Bedarf und ohne Aufwand erhalten kann. Geld ist selbst für den Einzelnen kein Vermögen, sondern der Beweis dafür, dass der Eigentümer des Geldes das ihm zustehende Vermögen nicht erhalten hat und dass er es nach Belieben verlangen kann.*

Und so erklärt sich schließlich der Begriff des „virtuellen Vermögens":

> *In einem Gemeinwesen stellt also das gesamte Geld, unabhängig von seiner Höhe, notwendigerweise den Gesamtwert des Vermögens dar, welches das Gemeinwesen lieber zu diesen Bedingungen geschuldet bekommt, als es zu besitzen. Diese negative Menge von Vermögen nenne ich das virtuelle Vermögen der Gemeinschaft, weil die Gemeinschaft durch ihr Geldsystem und die Notwendigkeit, ein solches zu unterhalten, gezwungen ist, so zu tun, als besäße sie mehr Vermögen, als sie tatsächlich aufweist.*

In Kapitel 10 wird es nochmals konkret formuliert, dass die Geldmenge immer proportional zum virtuellen Vermögen der Gesellschaft sein muss, wenn ihre Kaufkraft konstant bleiben soll. Das „virtuelle Vermögen" ist das Vermögen, das in den Rohren liegt, ein Parameter für das im Umsatz befindliche Nationalvermögen und es ist somit eine „virtuelle Schuld" – die einzige Art von Schulden, die in jeder Form von kaufbaren Vermögen rückzahlbar ist – also dezidiert keine „Geldschuld" in Form eines Kredites. Hier klingt schon an, dass Soddy in

Richtung eines *100%-Plans* denkt, also eine nationale Währung, die für Kredite der Geschäftsbanken in Gänze als Grundlage vorliegt. Wie er formuliert, darf die Ausgabe neuen Geldes nicht rascher erfolgen, als das virtuelle Vermögen der Gesellschaft zunimmt.

Um diese Prozesse zu steuern, sei eine physikalische Berechnung der Wirtschaft und eine auf feste Messgrößen bezogene Beurteilung der Preisentwicklung erforderlich. Die „Technokratie" wird hier als neutraler Begriff für diese Herangehensweise eingeführt, das „Eiserne Gesetz der Knappheit", auf dem die alte Wirtschaftsordnung begründet sei, werde damit abgelöst, der Bankier - als Herrscher in einer Zeit der Wissenschaft und Technologie - sei nunmehr überholt.

Allerdings bleibt auch die ökonomische Schule, die sich um die Lehren von Major Douglas gebildet hatte, nicht ohne Kritik. Mit der technischen Weiterentwicklung und der Abnahme der körperlichen Arbeit durch neue Energiequellen sei die traditionelle Methode der Verteilung über die Löhne zusammengebrochen. Es bliebe somit eine reine Illusion, zu behaupten, dass ein altes Lohngefüge mit entsprechender Beschäftigungszahl jemals wiederhergestellt werden könne.[86]

So steht seine Kritik der klassischen Ökonomie auch unter dem Eindruck seines Lebensabschnittes in Glasgow:

> *Es ist wichtig zu bedenken, dass Glasgow, aus dem James Watt, der Erfinder der Dampfmaschine, hervorging, auch Heimat von Adam Smith war, dem Vater eines Systems politischer Ökonomie unter dem sich die wissenschaftliche Ära entwickelt hat. Während der erstgenannte 1774 einen Motor perfektionierte, der den Menschen von der Knochenarbeit befreien und zur weltweiten Etablierung neuer Lebensformen führen sollte, hat der letztgenannte in 1776 die Bedingungen zu einem Theoriegebäude aufgestellt, unter denen die Menschen ihre wirtschaftliche Existenz fristeten.*[87]

Die Welt hätte entweder die Dampfmaschine oder die Ökonomie annehmen können, aber es sei schwer zu verstehen, wie sie zwei so gegenläufige Erfindungen habe zugleich annehmen können. Seitdem versuche die Welt in zwei gegensätzliche Richtungen zugleich zu laufen: Nach einem höheren Lebensstandard für die einen und in Richtung eines niedrigeren für andere:

---

[86] a.a.O. S. 30

[87] a.a.O. S. 52 ›The Glasgow of James Watt and Adam Smith‹

> *Das Glasgow von James Watt und Adam Smith war eine Stadt von 28.000 Menschen, kaum wenig provinzieller als Kirkcaldy, dem Geburtsort des Autors von ‚Der Wohlstand der Nationen' und der Ort an den die meisten seiner Ansichten zum Thema zurückverfolgt werden können. Das heutige Glasgow ist (…) ein Denkmal für die Arbeit des einen wie des anderen, indem es auf der einen Seite ein Zentrum der großen Werften von Clydebank ist und auf der anderen Seite der Ort gesellschaftlicher Umstürze gegen hohe Mieren, gegen Zins und Profit, genährt von Arbeitslosigkeit, Wohnungsknappheit und hohen Lebenshaltungskosten – berühmt für Schiffe und Straßenredner bis in den letzten Winkel der Welt.*[88]

Eine umfassende Wiedergabe seiner Konzepte und Bestrebungen würde hier zu weit führen. Im Wesentlichen besteht die Forderung nach einem staatlich kontrollierten Geldsystem, ohne die zinstragende Geldschöpfung durch Privatbanken. Der Goldstandard wird kritisiert und Gold lediglich als Ware bzw. im internationalen Austausch und zur Korrektur der Handelsbilanzen dienlich angesehen. Darüber hinaus werde die Kaufkraft des Geldes über eine Kontrolle der Indexzahl konstant gehalten. Die nationalen Währungen stehen international handelbar unter freien Wechselkursen. Innerhalb der Nationen werden Arbeiter, die durch weitere technologische Fortschritte arbeitslos würden, durch Gewährung von Freizeit und durch gerechte Verteilung der Vermögensgüter kompensiert. Seine Schlussfolgerung ist: Die Wirtschaftslage verschlechtert sich nur deshalb, weil das Geld- und Wirtschaftssystem nicht richtig verstanden und strukturiert werden. Hätten wir die geeigneten Regelungen und ein korrektes Verständnis der Beziehung zwischen Geld und physischem Vermögen, würde sich die Wirtschaftslage sofort verbessern. Rein physikalisch gesehen, kann die wirtschaftliche Situation sofort verbessert werden.

Money versus Man

Soddy veröffentlicht MONEY VERSUS MAN im Jahr 1931, zwei Jahre nach dem Werk THE MONEY ILLUSION von Irving Fisher. Man erkennt in dieser Zeit durchaus diverse Querverbindungen zwischen den Geldreformern und progressiven Ökonomen in Europa und den USA. Der

[88] ebd.

bedeutende amerikanische neoklassische Ökonom Fisher (1867-1947) hatte sein Werk druckfrisch Anfang 1929 mit persönlicher Widmung an Soddy gesandt: „*To Professor Frederick Soddy with the compliments of Irving Fisher January 1929*". Er geht darin auf die Illusion einer Wertstabilität des Geldes ein und sieht im Goldstandard eine wertvolle Hilfe - eine Position die sich Soddy nicht zu eigen machen wird und in MONEY VERSUS MAN schon argumentativ abweist. Fisher gibt 1935 nochmals konkreter in 100% MONEY Hinweise auf sein Vollgeldsystem, das zwei Jahre zuvor schon als *Chicago Plan* aufgegriffen wurde. Er nennt darin Soddy mehrmals als Vordenker des *100%-Plans*. Auch Konzepte wie der Preisindex oder „*Indexnumbers*" sind von den Autoren gleichermaßen verfolgt worden. Das Ziel von Soddys intellektuellen Bemühungen war es, der Kaufkraft des Geldes Stabilität zu verleihen. Dabei berief er sich eindeutig auf Fisher als Avantgardisten: „*Professor Irving Fisher hat unter den orthodoxen Ökonomen am meisten auf die Übel eines variablen Geldstandards aufmerksam gemacht und viel dazu beigetragen, dass die Bedeutung dieser Frage allgemein anerkannt wird*", schreibt er noch in WEALTH, VIRTUAL WEALTH AND DEBT.

Soddy argumentiert in MONEY VERSUS MAN nochmals in knapper Form (auf ca. 126 Seiten, statt der 275 Seiten von WEALTH) seine Anliegen. In Kapitel 3 ›What is Modern Money?‹ stellt er fest: „*Der Hauptzweck, zu dem Geld in diesem Land herausgegeben wird, besteht darin, es zinsbringend zu verleihen.*"[89] Und in Bezug auf die Herangehensweise:

> *Die allgemeinen Vorstellungen und Denkweisen, die im neunzehnten Jahrhundert zu jener großen Klärung der Naturwissenschaften geführt haben, durch welche die praktischen Ingenieure in der Lage waren, die Probleme der Produktion in jeder Hinsicht zu lösen, wurden vom Autor in geeigneter Weise angewandt, um das Wesen des Geldes zu erläutern.*[90]

Die Kenntnisse der thermodynamischen Erhaltungssätze werden dabei als Allgemeingut bereits vorausgesetzt: „*(...) sie sind bekannt als die Gesetze der Erhaltung von Materie und Energie, deren allgemeine Kenntnis heute so weit verbreitet ist wie die Kenntnis des Lesens und Schreibens.*" Dies war sicherlich maßlos übertrieben und ist selbst heute erst langsam wieder ein Kenntnisstand, der so einleuchtend ist, dass er in der Ökonomie

[89] Soddy, F. (1931) S. 29
[90] ebd.

aufgegriffen werden kann. Obwohl Soddy auch nicht zu anspruchsvoll an diese Umstände herangehen will: *„Es gibt schon jetzt viel zu viel transzendentale Mathematik über Geld. Der gesunde Menschenverstand dieser Gesetze besagt, dass ein Perpetuum mobile nicht möglich ist."*

Vor allem wird nochmals offen kritisiert, dass die Banken Kredite ohne Einschränkungen ausweiten können und damit Schulden aufblähen, die sich zu Krisen auswachsen. Dies war unter den Geldkritiker dieser Zeit im Grunde ein Gemeinplatz, neu bei Soddy ist das naturwissenschaftliche Argument, Geld sei nichts anderes als Energie und Energie werde umgewandelt, aber sie könne nicht „ex nihilo" erschaffen werden; die Banken erhalten also einen unfairen Vorteil bei der Schaffung und Verwaltung eines so wichtigen öffentlichen Gutes wie Geld.

Wie Söllner in ›Konflikt zwischen Geld und Natur?‹ schreibt, sieht Soddy in der Geldkapitalisierung das Hauptübel des modernen Geldwesens: *„(…) denn sie ist es, die durch den Zinseszinsmechanismus für das exponentielle Wachstum des Finanzvermögens verantwortlich ist – ein Wachstum, mit dem das Realvermögen auf Dauer nicht Schritt halten kann."*[91]

Soddy argumentiert in MONEY auch wieder stark aus seinem moralischen Instinkt: Die Ökonomie sei geprägt von Gier, die Armut in einer Zeit des Überflusses damit rein künstlich aufrechterhalten. Das wissenschaftliche Zeitalter habe mit dem Zugang zu den Energiequellen der unbelebten Natur und der Innovationen aus der Forschung jeden Gedanken an Knappheit abgeschafft. Im Gegensatz zu früher könne nun, statt der Ochsenkarren, der Dieselmotor in viel größerem Umfang Leistungen erbringen. Somit sei auch eine *Neue Ökonomie* erforderlich, um mit dieser neuen Situation umzugehen. Die alte Ökonomie habe in Hinblick auf ihre Aufgabe, eine gerechte Verteilung der Güter und des Wohlstands zu erreichen, versagt. Das Geldsystem sei dabei die „Achilles-Ferse" der modernen Zivilisation.[92]

Soddy bezeichnet es als Hochverrat, dass private Geldschöpfer das eigentliche Mittel zum Austausch als Selbstzweck zur Vermehrung von Reichtum betrachten und sieht ein Ende der Zivilisation, wenn dieses Unrecht weiter besteht (S. 21): *„But human nature being what it is, it is*

[91] Söllner, F. (1998) S. 21
[92] Soddy, F. (1931) S. 19

doubtful if it can be solved before the next and Greater War ends the scientific civilisation."

Das Konzept des „Virtual Wealth" wird nochmals kurz ausgeführt: Ein Maß für den Geldwert, eine Art Waage, die alle in einem Land handelbaren Güter mit allem vorhandenen Geld zu einem unveränderlichen Preis verfügbar macht. Die Krux liegt laut Soddy darin, dass es das „Geld" nicht gibt, sondern nur Schulden, sodass er formuliert: *„The virtual wealth is the amount owed to money owners and there exists nothing not already owned behind it."*[93] Insgesamt bleiben die Ausführungen aber zu knapp, um den Punkt verständlich zu machen.

Über das Gold sagt er (S. 53): *„It could be entirely reserved for correcting the balance of trade indebtedness as between one country and another. Gold is in all respects about the worst commodity to choose as a money standard."*

Fisher will 1933 mit dem Konzept des *Stamp scrip* nach dem Vorbild Wörgls die Wirtschaftskrise bekämpfen.[94] Ein Merkmal von Fishers Ansatz war, dass die „Negativzinsen" unrealistisch hoch ausfielen (2% pro Woche). Dennoch sagten Gewerkschaften, Banken, Kaufleute und Bauern ihre Mitarbeit zu, wobei am 4. März durch Roosevelt - er war neu gewählter Präsident - ein Verbot der Herausgabe von Notgeld erfolgte. Dieses Verbot ähnelt dem jähen Ende des bis dahin in praktischer Hinsicht sehr erfolgreichen Projekts in Wörgl.[95]

Irving Fisher und Frederick Soddy haben beide ein gemeinsames Schicksal: Aufgrund ihrer sehr an der Basis ansetzenden, grundlegenden Kritik werden sie von der Regierung abgelehnt und von den etablierten Ökonomen nicht in den Diskurs der Zeit aufgenommen; schlimmstenfalls als „crank" gebrandmarkt, was so viel wie Sonderling oder Miesepeter bedeutet und als Position des Spielverderbers angesehen werden muss.

Deswegen bleibt Soddy auch skeptisch mit den Fähigkeiten der Politiker und der Rechtmäßigkeit der Politik (S. 59): *„Democracy, no doubt, had to make many mistakes before it learned the art of government. But surely this elementary howler in regard to the nature of a money system is, of itself,*

[93] a.a.O. S. 52

[94] A.d.V.: Das Modell wurde von Fischer 1933 als *Stamp Scrip* in New York bei Adelphi publiziert und ist im Internet zu finden, z. B. http://userpage.fu-berlin.de/~roehrigw/fisher/stamp1.html

[95] A.d.V.: Das „Wunder von Wörgl" war ein *Schwundgeldexperiment* nach den Ideen Silvio Gesells, welches im Juni 1932 ins Leben gerufen wurde, siehe z. B. https://www.inwo.de/das-wunder-von-woergl

completely sufficient to account for its failure." und (S. 70): *„Of all forms of government to which their ignorance has condemned the wretched peoples, surely democracy in its present plight is the silliest and the worst."* Es sei ein System zur Bereicherung (S. 75):

> *Under modem democracies, whose finances are a mere money-lending proposition, there is no one whatever to issue money to consumers, when there is more to be consumed, and it is at this precise moment, under the cat-and-mouse system that it is withdrawn again.*

Und in einem abschließenden, eigenen Kapitel zu diesem politischen Thema fasst er zusammen (S. 110):

> *To the overwhelming majority of people, democracy, if it can put its house in order in time, will appear as far preferable to any other form of government, whether an autocracy, aristocracy, plutocracy, military dictatorship, or any combination of these. It is premature to condemn a system of government which is not the real government. The most important change that it is possible for a nation to suffer, that its monetary system should be surrendered to and become the monopoly of the money-lender, has taken place in this country without the public being aware of it, and without the matter being a political issue at all. The way lies open for a real democracy with opportunities for all to live an ample and civilised life.*

Damit soll keinesfalls zum Ausdruck kommen, dass wir einhundert Jahre später nicht weiter wären. Jedoch gibt es in Hinblick auf die tatsächlich verfügbare demokratische Macht über die Geldschöpfung und die Prozesse der gesellschaftlichen Steuerung weiterhin noch Analyse- und Gesprächsbedarf.

The Role of Money

„The study of money, above all fields in economics, is the one in which complexity is used to disguise truth, or evade truth, not to reveal it."[96]

Die Aussage des amerikanischen Wirtschaftsprofessors J. K. Galbraith mag man nicht unbedingt teilen. Allerdings bestehen über die Grundlagen und die Funktionsweisen der Geldinstitutionen und der Währungsmechanismen in der Öffentlichkeit, bis weit hinein in das

[96] Galbraith, J. K. (1975) S. 5

Wirtschafts- und Geschäftsleben, gewisse Unkenntnis, weit verbreitetes Unwissen, um nicht zu sagen Unverständnis bis hin zu Misstrauen.

Die vielfältigen theoretischen Auffassungen und unterschiedlichen Anschauungen, die sich im Zeitablauf über monetäre Reformvorhaben gebildet haben, füllen inzwischen leicht das Volumen einer durchaus anschaulichen wissenschaftlichen Bibliothek. Darin stellen die Äußerungen und schriftlichen Dokumente, welche Frederick Soddy dazu hinterlassen hat, vermutlich allenfalls eine winzige Fußnote dar. Dennoch ist es durchaus hilfreich und angemessen, auf seine unkonventionellen, häufig missverstandenen und nicht selten rundheraus abgelehnten Ausführungen zu diesem Thema kurz einzugehen.

Soddy sucht, innerhalb der damals intensiv geführten währungs- und geldpolitischen Diskussionen, Anschluss an bereits etablierte Ansichten von Vertretern innerhalb der ökonomischen Wissenschaft. Dazu zählte für ihn insbesondere der Erfinder, Schriftsteller und Geldtheoretiker Arthur Kitson (1859–1937), dem Soddy auch sein Buch WEALTH, VIRTUAL WEALTH AND DEBT widmet: *„Dedicated to Arthur Kitson, The British Pioneer of the New Economics, To Whose Writings the Author Owes His Initial Interest in the Fascinating Problems of Wealth and Currency.“* Kitson wiederum widmete Frederick Soddy sein letztes Werk, das 1935 zwei Jahre vor seinem Tod erschien: A MODERN PILGRIM'S PROGRESS. Gemeinsam begründeten sie die *Economic Freedom League* in den 1920er Jahren.

Bei Arthur Kitson handelte es sich um einen – wie man inzwischen sagen würde – Finanzökonomen. Er befasste sich schwerpunktmäßig mit der monetären Seite der Wirtschaft und veröffentlichte eine Vielzahl unterschiedlicher Artikel zu Fragen der englischen Geld- und Währungspolitik sowie zum Außenhandel. Darin nahm er prononciert Stellung gegen die offizielle Geldpolitik der englischen Regierung. Er plädierte für die Ablösung der goldgedeckten Währung und die Einführung einer Papiergeldwährung. Davon versprach er sich vor allem die Behebung der wirtschaftlichen Probleme der Unterbeschäftigung durch bessere Exportmöglichkeiten der britischen Wirtschaft. Er verfasste auch verschiedene Bücher u. a. THE BANKER'S CONSPIRACY WHICH STARTED THE WORLD'S CRISIS; A SCIENTIFIC SOLUTION FOR THE MONEY QUESTION; UNEMPLOYMENT – IT'S CAUSE AND IT'S REMEDY; …

Soddy fasst in seinem Buch mit dem Titel THE ROLE OF MONEY aus dem Jahr 1934 seine Ansichten über und sein Verständnis von Geld zusammen. Er setzt sich ausführlich mit den verschiedenen Defiziten des damaligen Finanzsystems auseinander und unterbreitet auch mehrere Verbesserungsvorschläge.

Zu Beginn bringt er jedoch seine eindeutige Auffassung über die bestehende Geld- und Finanzwirtschaft zum Ausdruck – mit auch schon zum damaligen Zeitpunkt recht pathetisch wirkenden Formulierungen. Er macht sie für die sozialen Übelstände und nicht zuletzt für die Kriegsereignisse verantwortlich. Unmissverständlich wünscht er sich das gesamte Finanzsystem und dessen Protagonisten in den Orkus der Geschichte, bestenfalls seien sie unnütz, wenn nicht direkt schädlich, in der Vorstellung, man könne von den *„Zinsen gegenseitiger Verschuldung leben."*[97]

In seiner Überzeugung vom Siegeszug einer von zunehmenden technisch-naturwissenschaftlichen Erkenntnissen getragenen, besseren Zukunft für die Menschheit, formuliert er:

> *Es wächst die Verzweiflung darüber, ein so glänzendes und vielversprechendes Zeitalter mit den besten Aussichten auf ein angenehmes Leben in so unfähigen und unwissenden Händen zu sehen.*[98]

Unter der Überschrift ›The Monetary System Obsolete‹ fährt er fort:

> *Überall wird besorgten Menschen immer klarer, dass die derzeit herrschenden ökonomischen, gesellschaftlichen oder gar religiösen institutionellen Regelungen Elemente enthalten, die unverständlich sind, oder mit dem alten Regierungssystem zusammenhängen. Es wird erwartet, dass grundlegend neue Prinzipien einzuführen sind und nicht nur oberflächliche Veränderungen vorgenommen werden.*[99]

Soddy sieht sich berufen, die „Einführung neuer Prinzipien" auf dem Gebiet des Geld- und Währungssystems vorzuschlagen. Sein Ziel besteht darin, zu zeigen, dass es auf dieselbe Art und Weise gestaltet werden kann, wie das Gewichts- und Maßsystem mithilfe physikalischer Größeneinheiten. Auf der Grundlage der von ihm so genannten „Ergosophy" entfaltet er seine Ideen und fasst mit diesem von ihm

[97] Soddy, F. (1934) S. 7
[98] a.a.O. S. 1 (Übersetzung d. Verf.)
[99] ebd.

geschaffenen neuen Begriff die ingenieurwissenschaftliche Sichtweise auf Wirtschaft, Soziologie und Geschichte zusammen.

Damit unterscheidet sich seine Auffassung von denen der Geisteswissenschaften. Die *Ergosophy* sollte sich weniger mit den Details der verschiedenen Ideen einer Geldreform befassen, sondern vielmehr die Grundsätze herausarbeiten, denen jedes Geldwesen entsprechen muss, wenn es dauerhaft seine eigentliche Rolle und seine Funktionen als gesellschaftlicher „Verteilmechanismus" erfüllen soll. Diese Aufgabe in private Hände zu geben, bedeutete für Soddy in erster Linie, dass damit eine finanzielle Einnahmequelle in einen gewissenlosen Zweig der Regierung verlagert wird und letztlich daraus eine Gegenmacht zur gesetzlichen Regierung entsteht, welche in der Lage ist, alle anderen Formen von staatlicher Regierung zu unterwandern.

Den Marxismus nimmt er dabei als nicht mehr zutreffend wahr, insbesondere auf die Rolle der Energie in der Produktivität bezogen - ein Kernanliegen des neuen Begriffs der Ergosophy:

> *Mit einer deutlicheren Wahrnehmung der sozialen Folgen der Energie erscheinen unsere politischen Kontroversen hauptsächlich als Folge ökonomischer Verwirrungen. In einem Zeitalter, in dem die Menschen mehr und mehr von ihrer Funktion als körperliche Arbeitskräfte durch rein unbelebte Kraftquellen verdrängt werden und Gefahr laufen, durch automatische Mechanismen weitgehend aus dem Produktions- und Verteilungszyklus ausgeschlossen zu werden, wäre es unbegreiflich, wenn es nicht so wahr wäre, dass ein so großer Teil der Welt fälschlicherweise von den Lehren von Karl Marx über den Ursprung des Wohlstands in der menschlichen Arbeit beherrscht wird. Jeder Handwerker sollte wissen, dass dies nicht mehr stimmt.*[100]

Und weiter:

> *Die Ansichten von Marx über Geld waren im Verhältnis zu seinem Zeitalter sogar noch veralteter als seine Ansichten über Vermögen, und es war bezeichnend (...), dass Marxisten anscheinend die letzten waren, die ihren primitiven Glauben an Gold als Währungsmedium und an den Goldstandard aufgegeben haben.*

Ergosophy ist nach Soddy eine „Philosophie der Energie" und wird auf Seite 4 so eingeführt:

[100] a.a.O. S. 10f

In diesem Buch wird die Herangehensweise und eine Philosophie des Geldes im Lichte einer Reihe neuer Lehren erläutert, denen der Sammelbegriff Ergosophie verliehen wird und die Wirtschaft, Soziologie und Geschichte mit dem Auge des Ingenieurs anstatt mit dem des Humanisten betrachten. Es geht weniger um die Details der einzelnen vorgeschlagenen Systeme zur Währungsreform als um die allgemeinen Grundsätze, denen sich nach Ansicht des Autors jedes Währungssystem letztendlich anpassen muss, wenn es seine eigentliche Rolle als Verteilungsmechanismus der Gesellschaft erfüllen will.

Als Schnittpunkt verschiedener ökonomischer Aspekte – miteinander verflochtener, aber mehr oder weniger unabhängiger Lehren, versammelt unter Begriffen wie kartesische, physische oder neue Ökonomie, einer sozialen Energetik im „Zeitalter des Überflusses" (‚*age of plenty*') – soll der Begriff Ergosophie für die neue Philosophie des Geldes verwendet werden. Er bezieht sich auf die Lehre von Arbeit, Energie oder Kraft, im rein physischen Sinne und ist eine konsistente Energietheorie des Vermögens und stellt eine scharfe Unterscheidung her, die sich zwischen dem Vermögen und dem Besitztum einer Schuld ergibt. Soddy erklärt hingegen die orthodoxe Ökonomie zu einer „Klassenökonomie der Schuldenbesitzer".

Den Begriff Ergosophie gibt es heute so nicht mehr, stellvertretend kann die „Ergokratie" (griechisch ergon = Werk, Arbeit, Leistung) als alternative Wirtschaftslehre genannt werden, die als theoretisches Modell durch den Begründer Heinrich Färber (1864–1941) zwischen den Weltkriegen aktiv wurde. Im Kern fordert die Ergokratie ein nachhaltiges Wirtschaften ohne Kreditvergabe, also weniger ein Wirtschaftswachstum, sondern vielmehr eine langfristige Stabilität. Als Hauptübel der bestehenden Wirtschaftsordnung wird das Zinssystem gebrandmarkt, das laut ergokratischer Auffassung höchst ungerecht ist und einen Teufelskreis darstellt.

An dieser Stelle wird nicht tiefer auf die einzelnen Gedanken und Darlegungen des Autors eingegangen. Dennoch werden Ideen kurz ausgeführt, die Soddy entwickelt. Außerdem darf der Hinweis nicht fehlen, dass, trotz kontroverser Auffassungen über die Qualität der Vorschläge Soddys, unter den wohlwollenden Kommentatoren auch namhafte Ökonomen wie z. B. Irving Fisher oder Frank Knight waren.

Soddy und die ökonomische Wissenschaft

Es ist nicht ganz einfach, die von Soddy vertretenen und publizierten, theoretischen sowie wirtschaftspolitischen Beiträge und Vorschläge in die ökonomische Ideengeschichte einzuordnen. Seine absolute Ausnahmestellung (ja eher Außenseitertum) in Kreisen der ökonomischen Wissenschaft darf jedoch nicht zu der Annahme verleiten, seine Anstöße und Gedankenführungen zu ökonomischen Fragen seien ohne gewisse Sachkenntnis und Bezug auf den Stand der damaligen ökonomischen Wissenschaften.

Soddys Deutungen der wirtschaftlichen und gesellschaftlichen Vorgänge erfolgten weitgehend unbeeinflusst und unabhängig von bestehenden, gelehrten oder als gültig erachteten wirtschaftswissenschaftlichen Theorien. Sie entstammten seinem in naturwissenschaftlicher Schulung erworbenen Wissen sowie theoretischen Erkenntnissen und zeitbezogenen Auffassungen und sind motiviert durch seine moralisch und ethisch begründete Skepsis über die Unzulänglichkeiten der in der Gesellschaft verantwortlichen Personen. Ihn erschreckt der Umgang mit den ökonomischen Möglichkeiten im Rahmen neuester ingenieurwissenschaftlicher Nutzungsoptionen.

Herman Daly[101] sieht die Motivlage von Soddy, sich intensiv mit sozio-ökonomischen Problemstellungen zu befassen, in dessen philosophischen und ethisch-moralischen Grundeinstellungen verankert:

> *Obwohl Soddy ein leidenschaftlicher Vertreter des wissenschaftlichen Fortschritts war und an die Möglichkeiten glaubte, dass dessen Früchte allen Menschen zugutekommen sollte, war er sich überaus bewusst, dass die Geschichte gezeigt hatte, dass Wissenschaft sowohl Segen als auch Fluch für die Menschheit sein konnte. Er akzeptierte auch nicht die bequeme Auffassung, Wissenschaftler hätten keine Verantwortung dafür zu tragen, wie und wofür ihre Erkenntnisse genutzt werden. Auch wenn andere (Banker und Ökonomen) in seinen Augen eine viel größere Verantwortung für den Missbrauch wissenschaftlicher Erkenntnisse tragen, könnten Wissenschaftler nicht von ihrer Verantwortung dafür*

---

[101] A.d.V.: Herman Edward Daly (*1938) ist Professor an der *School of Public Policy* der University of Maryland, College Park, in den USA.

> *freigesprochen werden. Das größte Problem war für ihn die fehlerhafte ökonomische Theorie, nicht die fehlerhafte chemische Wissenschaft (...)*[102]

Soddy hat mit seinen Arbeiten auf dem Gebiet der chemischen Forschung in grundlegender Weise zum Erkenntnisfortschritt beigetragen. Wohl auch deshalb fühlt er sich berufen, an den Diskussionen zur Lösung wirtschaftlicher Probleme beitragen zu können. Vielleicht wird er aus diesem Grund einige Jahre später in seinem Werk THE ROLE OF MONEY (1934) auch noch deutlicher in seinen Aussagen:

> *Wenn der Krieg etwas vor Aller Augen geführt hat, dann sind es die tödlichen Gefahren der enormen zerstörerischen Kräfte, welche die wissenschaftliche Zivilisation umgeben. Den Völkern und deren politischen Verantwortlichen, die immer noch in Kategorien purer Macht denken, wurden durch die Wissenschaften Forschungsergebnisse in die Hände gegeben. Der Verfasser unternimmt nun seine eigene Analyse der realen physikalischen Grundlagen und der hergebrachten Konventionen und Halbwahrheiten, welche als ökonomische Wissenschaft durchgehen. Dabei interessieren ihn insbesondere jene Annahmen und Aussagen welche den Verteilungsmechanismus in der Wirtschaft betreffen, welcher durch das Geld- und Währungssystem gebildet wird. Seine wichtigste Schlussfolgerung, von der ihn nachfolgende Ereignisse auch nicht abbringen konnten, ja inzwischen zu einer Binsenweisheit geworden sind, ist die, dass es nichts Sinnvolleres zu tun gibt, als dafür zu sorgen, dass ein wissenschaftlich begründetes Geld- und Währungssystem entsteht und an die Stelle des immer brüchiger werdenden bisherigen Systems tritt.*[103]

Energie und Ökonomik

Innerhalb und außerhalb der ökonomischen Wissenschaften wurde über die Rolle und die Bedeutung von Energie durchaus nachgedacht. Insbesondere wurde nach Möglichkeiten gesucht, darauf eine ökonomische Werttheorie aufzubauen: *„Die Durchdringung des Lebens und nahezu aller Lebensumstände mit Energie sowie ihre Einzigartigkeit als ein Gut macht sie zu einem idealen Standard für einen Wertmaßstab.“*[104]

---

[102] Daly, H. (1980)
[103] Soddy, F. (1934) S. 2 (Übersetzung d. Verf.)
[104] Berndt, E. R. (1981) S. 4

Die überragende Bedeutung, welche das Konzept der Energie in den Naturwissenschaften einnimmt, konnte es jedoch innerhalb der Sozialwissenschaften nicht gewinnen. Da sich Ökonomik überwiegend, um nicht zu sagen ausschließlich, als Sozialwissenschaft versteht, fand „Energie" darin als Konzept auch nicht die adäquate und prominente Position im Erkenntnis- und Erklärungsgefüge, die ihr eigentlich zustehen würde.

Mirowski macht Frederick Soddy als einzigen Vertreter einer ökonomisch relevanten, jedoch eher rudimentären „Energie-Werttheorie" aus. Dessen mathematische Kompetenz wäre jedoch nicht so weit entwickelt gewesen, um seine Ansätze in eine in der Ökonomik anerkannte umfassende Werttheorie weiter zu entwickeln.[105] Für den gelernten Chemiker und Naturwissenschaftler Soddy, mit umfassenden Interessen, erschließt sich die hohe Bedeutung des Faktors Energie jedoch recht schnell und eindeutig als die zentrale Größe in der weiteren wirtschaftlichen Entwicklung.

In der zweiten Auflage seines Buches WEALTH, VIRTUAL WEALTH AND DEBT aus dem Jahr 1933 geht er im dritten Kapitel ausführlich auf die Grundlagen der Ökonomie ein. Nach seinem Verständnis stellt sich Wirtschaft in physikalischer Hinsicht als ein Kampf um Energie dar. Er begründet dies u. a. mit dem parasitären Charakter der biologisch-evolutionären Entwicklung. Darin hätten sich die höher entwickelten Organismen die erforderliche Energie dadurch verschafft, in dem sie sich die weniger entwickelten Organismen einverleibt hätten. Durch das Auftreten des Menschen mit seinem bewussten Verstand und dessen gezieltem Einsatz zur Ausbeutung fossiler Energieträger habe sich dieser Entwicklungsverlauf grundlegend verändert.

Indem es der Spezies homo sapiens gelungen sei, die über Millionen von Jahren entstandenen fossilen Lagerstätten anzuzapfen und ihren Inhalt für sich nutzbar zu machen, wäre der Mensch direkt zu der wichtigsten Energiequelle zurückgekehrt. Zusammen mit der Entwicklung der Technik der Verbrennungsmotoren werde inzwischen ein großer Teil der früheren menschlich verrichteten Arbeit maschinell schneller und besser erledigt.

[105] Mirowski, Ph. (1989)

Soddy vertritt in seinen techno-optimistischen Ausführungen über die Leistungsfähigkeit der industriellen Produktion mit Hilfe eines ausreichenden Energieangebotes die Auffassung einer nahezu unbegrenzten Versorgung der Bevölkerung mit Gütern des Lebensbedarfs. Er weist allerdings darauf hin, dass die Erzeugung der Nahrungsmittel dem landwirtschaftlichen Produktionsprozess unterliegt, in dem nicht dieselben Produktivitätssteigerungen wie in der industriellen fabrikmäßigen Fertigung zu erwarten sind.

Trotz dieser unbestritten hohen Bedeutung und auch des enormen Volumens des Einsatzes von Energieträgern im Wirtschaftsprozess verhalten sich offenbar die Wahrnehmung und die Wertschätzung durch die Bevölkerung umgekehrt proportional dazu. Ein Grund für dieses Missverhältnis könnte darin liegen, dass die Gegenwart und der Einsatz von Energie überwiegend nur indirekt wahrgenommen werden: *„Menschen sind von alters her gewohnt und auch konditioniert, Güter und Dienstleistungen nachzufragen und nicht die Energie als solche."*[106]

Soddy unterscheidet zwei Formen der Energienutzung. Als erstes nennt er die metabolische Nutzung der Energie für die Lebenserhaltungsprozesse. Diese Form des Energieeinsatzes bezeichnet er als *‚life-use'*. Die zweite Nutzungsform dient der Verrichtung von Arbeit, deshalb ordnet er dieser den Begriff *‚labour-use'* zu.

Die Menschheit nutzte zu allen Zeiten Formen regenerativer Energien. Dabei nutzten sie den Energiefluss von Sonne, Wasserkraft und Winden, wie z. B. die Windkraft zum Antrieb von Segelschiffen.

Durch den Zugriff auf den Bestand an „gespeicherter Sonnenenergie" in Gestalt fossiler Lagerstätten und der anfänglichen Nutzung von Kohle zum Einsatz in Dampfmaschinen, erweiterte die Menschheit ihr Energiepotential. Allerdings ist diese Form der Energie ausschließlich für Zwecke von „labor-use" einsetzbar! Folgerichtig weist Soddy darauf hin: *„Die Mittel für den Lebensunterhalt (Subsistenz) ergeben sich aus dem ständigen Fluss an Sonnenenergie für das Wachstum und die Erzeugung durch und mit Hilfe der Landwirtschaft."*[107]

Für die Ausstattung mit Kleidung, Behausung, Heizung, Luxusgütern und all die weiteren Annehmlichkeiten, bedienen sich die

---

[106] Hall, C. & Kitgard, K. (2012) S. 223

[107] Soddy, F. (1934) S. 12

modernen Menschen - aus Soddys Sicht - durch die Entnahmen aus dem Bestand der fossilen Energieträger Kohle, Öl und Gas. Wirtschaftlich betrachtet handelt es sich dabei um einen Kapitalstock, der sich durch die Konservierung vorangegangener Sonnenenergie in Millionen von Jahren gebildet hat. Soddy interpretiert dies als eine Art von Kreditverhältnis:

> *Der Fortbestand und die Erhaltung des biologischen Lebens sind abhängig vom permanenten und ununterbrochenen Fluss der Sonnenenergie und somit auch der Wohlstand und Reichtum der sich aus den übrigen erzeugten Gütern zusammensetzt, die zur Lebensführung erforderlich sind. Damit besitzen Wohlstand und Reichtum eher den Charakter einer Stromgröße als den eines Bestandes. Auch diese sind Elemente des ständigen Energieflusses von der Sonne auf die Erde. (…) In den Zeiten vor dem 19. Jahrhundert lebte die Menschheit von den Einnahmen. Die derzeitige Generation erweitert [dehnt] ihre Einnahmen aus, indem sie sich aus der Substanz ihres Kapitals bedient.*[108]

Damit beschreibt Soddy einen seiner wichtigsten Ausgangs- und Einstiegspunkte in seine dann folgenden theoretischen Analysen des menschlichen Wirtschaftens und tauft diese auf den Namen *„Kartesische Ökonomik"*.

Als die wesentliche theoretische Grundlage für sein weiteres Vorgehen dient ihm die Anwendung der damals erst seit kurzer Zeit bestehenden und formulierten Erkenntnisse über die Energieerhaltungssätze, die beiden ersten Hauptsätze der Thermodynamik, auf ökonomische Sachverhalte. Konsequenterweise formuliert er dann auch:

> *Die Grundsätze und die Ethik der von Menschen verfassten Regeln und Übereinkünfte dürfen nicht die Gesetze der Thermodynamik verleugnen [übersehen], [denn] für die Menschen, wie für jede andere Wärmekraftmaschine auch, sind die physischen Probleme Energieprobleme.*[109]

Mit dieser Formulierung bewegt sich Soddy auf einer Linie mit einer vorangegangenen ökonomischen Denkschule, den Physiokraten. Deren Verständnis beruhte auf der Überzeugung, dass (…)

> *der ökonomische Prozess bestimmten objektiven Gesetzmäßigkeiten unterworfen ist, die unabhängig vom menschlichen Willen wirken. Sie nannten*

[108] Soddy, F. (1921)
[109] ebd.

diese Kräfte ‚Naturgesetze', die wiederum aus zwei Komponenten bestehen, den physikalischen und den moralischen Gesetzen. Quesnay definierte physikalische Gesetzmäßigkeiten als den regelmäßigen Ablauf aller physikalischen Vorgänge in der Natur, der offensichtlich am vorteilhaftesten ist für die menschlichen Wesen. Moralische Gesetze waren die Regeln für menschliches Tun innerhalb der moralischen Ordnung, die mit den physikalischen Gesetzen übereinstimmt und somit augenscheinlich zum größtmöglichen Vorteil der Menschheit dienen. Physikalische Gesetze bestimmen wichtige ökonomische Parameter, wie z. B. Regen und Regenmengen oder Bodenfruchtbarkeit und umfassten die Newtonsche Sicht auf die physikalische Welt, welche das damalige wissenschaftliche Denken dominierte. Physiokraten waren der Auffassung, dass Naturgesetze unabhängig von menschlichem Wollen wirken. Falls die Menschen aus den Naturgesetzen das, diesen angemessene, Verhalten für sich ableiten, würde der größtmögliche Wohlstand erreicht.[110]

Politische Ökonomie als Wissenschaft

Soddy bezieht sich in seiner wirtschaftstheoretischen Auffassung auch explizit auf John Ruskin (1819–1900), einen englischen Sozialphilosophen und Schriftsteller des viktorianischen Zeitalters. In den späteren Jahren seines Schaffens entwickelte er angesichts der rapiden, industriell geprägten Veränderungen und ihrer Folgen für die Natur sowie die sozialen Lebensverhältnisse der Bevölkerung eine immer stärker ausgeprägte sozialkritische Sicht auf die englische Gesellschaft.

In den Jahren 1862/63 veröffentlichte Ruskin seine ›*Essays On Political Economy*‹ mit dem Titel UNTO THIS LAST. Darin entwickelt er in Bezug auf die wirtschaftlichen Sachverhalte und zentralen Begriffe – wie z. B. ›Wealth‹ oder ›Value‹ – eigene, von denjenigen der klassischen britischen Ökonomen erheblich abweichende Auffassungen und Beschreibungen. Ruskin definierte *Political Economy* strikt im Gegensatz zur Wirtschaftsführung eines privaten Haushaltes: *„As domestic economy regulates the acts and habits of a household, political economy regulates those of a society or State, with reference to the means of its maintenance."*[111]

[110] Cleveland, C. J. (1987) S. 49

[111] In UNTO THIS LAST schreibt John Ruskin 1862 ›There is no Wealth but Life‹ (Übersetzung d. Verf.): *„Jegliche Produktion dient dem Endverbrauch (Konsum). Kluge Art zu konsumieren, ist weit schwieriger als sinnvoll und vernünftig zu produzieren. Kapital, das nichts als Kapital erzeugt, ist nichts*

Die Gedanken John Ruskins zu Frieden und Gerechtigkeit hatten einen außerordentlichen Einfluss auf Leben und Philosophie Mahatma Gandhis und vieler anderer Zeitgenossen. Ruskin, der Professor für Kunstgeschichte an der Universität Oxford wurde, schrieb vier Aufsätze über die Prinzipien der politischen Ökonomie: *„Diesem Letzten"* (UNTO THIS LAST) und weitere Essays wie z. B. MUNERA PULVERIS und FORS CLAVIGERA. Diese Aufsätze attackierten die kapitalistische Ökonomie und wurden als eine Alternative oder Ergänzung zu Karl Marx' Werk verstanden. Er beurteilte die in England entstandene Form der *Political Economics* in der damaligen Zeit als: „(…) *in reality, nothing more than the investigation of some accidental phenomena of modern commercial operations; nor has it been true in it's investigation even of these."*[112]

Die wirklichen Zielsetzungen *Politischer Ökonomie*[113] bestünden in der Aufrechterhaltung, Pflege und Unterstützung staatlicher Aktivitäten für das gesunde und erbauliche Leben der Bevölkerung.

Soddy lehnt sich an diese von Ruskin vertretenen - stark ethisch, um nicht zu sagen religiös geprägten - Begriffsdeutungen ökonomischer Sachverhalte an und übernimmt sie sogar stellenweise. Er bringt sie in seiner Analyse der sozial-ökonomischen Zusammenhänge in Bezug zu seiner naturwissenschaftlich geprägten Sicht auf der Grundlage thermodynamischer Gesetzmäßigkeiten.

---

anderes, als wenn Wurzeln nur Wurzeln hervorbrächten, Zwiebeln sich nur in Zwiebeln verwandelten, niemals in Tulpen; Saatgut immer wieder in Saatkörner, nie in Brot. Die Ökonomische Wissenschaft hat sich in ihren Bemühungen bisher gewissermaßen der Lehre zur Vermehrung von Zwiebeln gewidmet. Sie brachte bisher nie so etwas hervor wie eine Tulpe. Aus einer solchen Auffassung von Kapital folgt, dass es zwei Arten ‚wirklicher Produktion' gibt, die sich in aktiver Weise entwickeln; eine zur Erzeugung von Saatgut und eine zur Produktion von Nahrungsmitteln. Also eine Produktion für den ‚Boden' und eine zur Sättigung des Hungers. Für habgierige Menschen sind beide nur für den Getreidespeicher gedacht! Der Kornspeicher, zwar nur zwischenzeitlich gefüllt, jedoch in seiner eigentlichen Bestimmung ist er zur Verteilung des Korns gedacht. Andernfalls endet die Einlagerung im Nichts und sie wird zur Beute von Ratten und Gewürm. Der Wohlstand einer Gesellschaft sollte nur daran gemessen werden, was und wie sie konsumiert. Da das Ziel und die Bestimmung jeder Produktion der Konsum ist, ist Konsum dazu bestimmt, für alle Menschen ein gutes Leben zu ermöglichen."

[112] Ruskin: MUNERA PULVERIS, siehe die Referenz im Original bei https://victorianweb.org/authors/ruskin/munera/intro.html

[113] A.d.V.: Auch Nationalökonomie oder Volkswirtschaftslehre genannt, allerdings im Verständnis der *Politischen Ökonomie* bei den genannten Verfassern eher auf etwas bezogen, das als *Staatswissenschaften* verstanden werden könnte.

In seiner Darstellung „Konflikt zwischen Geld und Natur"[114] zieht Söllner eine direkte Verbindung zwischen der Gedankenwelt des griechischen Philosophen Aristoteles und den naturwissenschaftlichen Erkenntnissen von Soddy. Darin stelle Ruskin gewissermaßen ein Bindeglied zwischen den beiden dar. Mit einem Zitat von H. C. Binswanger erinnert er u. a. auch beiläufig daran: *„Die ökonomische Wissenschaft hat nicht mit Adam Smith begonnen, wie viele meinen, sondern mit Aristoteles."* Sowohl Aristoteles als auch Soddy stellten den Gegensatz zwischen Geld und „wahrem" Reichtum in den Mittelpunkt ihrer Überlegungen, wobei dieser positiv, jener normativ argumentiere.[115]

In Bezug auf die Haltung zu Reichtum und Wohlstand appelliere die normativ-moralische Argumentation von Aristoteles an die menschliche Tugendhaftigkeit. Auch Soddy erkenne die ethisch-moralische Problematik des Gelderwerbs, wobei er sich vor allem auf Ruskin stütze:

> *Aber das Hauptaugenmerk Soddys gilt nicht den normativen, sondern den positiven Aspekten des modernen Geldwesens. Dabei bezieht er sich auch auf die Naturgesetze, insbesondere auf die Gesetze der Thermodynamik und betont deren Bedeutung für die Ökonomie.*[116]

In ähnlicher Weise beschreibt es Daly:

> *Soddys dualistische Ökonomik bedeutet für die ökonomische Theorie des steady-state, dass sie eine doppelte Begrenzung des ökonomischen Wachstums aufzeigt. Es bestehen zwei unabhängig voneinander existierende Grenzen; die in biophysikalischen Gesetzmäßigkeiten begründete Limitierung, sowie die in ethischen Gründen wurzelnden Beschränkungen. Auf der biophysikalischen Seite müssen wir erkennen, dass ein reales materielles unbegrenztes Wachstum nicht möglich ist und in ethischer Hinsicht zeigt sich, dass jenseits einer bestimmten Grenze zusätzliches materielles Wachstum offenbar kein höheres Wohlbefinden bei den Menschen hervorrufen kann, auch wenn es biophysikalisch noch möglich wäre.*[117]

An dieser Stelle ist es hilfreich, sich etwas intensiver mit der wissenschaftsphilosophischen Auffassung von Soddy zu beschäftigen. In seinem Vortrag CARTESIAN ECONOMICS beschreibt er seinen Ausgangspunkt zur Einordnung der ökonomischen Wissenschaft in das

[114] Söllner, F. (1999)
[115] ebd.
[116] ebd.
[117] Daly, H. (2015) S. 39

Gesamtgefüge der Wissenschaften mit einem Zitat Kiplings: *„Meine eigene Philosophie kann durch eine Zeile von Kipling ausgedrückt werden: Ost ist Ost und West ist West und nie werden sich die beiden treffen."*[118]

Diese sybillinische Formulierung bedarf einiger Erläuterung, die Soddy auch anschließt, er führt aus:

> *In jeder Klassifikation der Wissenschaften ist es üblich, drei große Kategorien zu unterscheiden, (1) die Mechanische, Physikalisch-Chemische und Mathematische; (2) die Biologische; und (3) die Mentale, welche, mehr als in einer aufzählenden Abfolge, miteinander verbunden sind. Sie fügen sich aneinander, wie die Glieder einer Kette, zwei Endglieder und ein Mittelglied. Das mittlere Element –das Biologische – der große Bereich des tierischen und pflanzlichen Lebens hat Beziehungen zu den beiden Endgliedern.*
>
> *Das erste Glied der Kette kann man, beginnend mit den gegenwärtigen absoluten Realitäten der Physik betrachten – Elektrizität, Energie, Äther und Materie – in zunehmender Komplexität vom Element bis zum komplexen Kolloid, ausgelöst durch die lebhafteste Brownsche Bewegung unter dem Mikroskop, und trotzdem nicht lebendig.*
>
> *Das zweite Glied beginnt mit der einfachsten einzelligen Lebensform und erstreckt sich in immer größerer Komplexität von der Amöbe bis zum Menschen.*
>
> *Das dritte Element in dieser Kette, welches das psychologische oder mentale betrifft, beginnt mit rudimentären Formen instinktiven Verhaltens, welche eng mit Reaktionen verbunden sind, die durch rein physische Reize in einfachen Kreaturen erzeugt werden, über den freien Willen und die bewusste Wahl des Handelns zur Sicherung vorgegebener Ziele, bis hin zur menschlichen Vernunft und den höchsten intellektuellen, ästhetischen, ethischen, moralischen und spirituellen Wahrnehmungen der Menschheit. (…)*
>
> *In eintausend Jahren, falls die Zivilisation noch so lange besteht, werden die Menschen immer noch die Grundlagen der realen physischen Welt untersuchen, weit über die Welt der Atome und der Energie hinaus, die ihre derzeitige Grenze markiert. Ebenso können wir annehmen, dass sie in der psychologischen Forschung und in der spirituellen Wahrnehmung gegenüber unserer Zeit weit fortgeschritten sein könnten. In beiden Richtungen bestehen unendliche Möglichkeiten für Wissenszuwachs, jedoch in jeder Richtung genau entgegengesetzt zu den Problemen des Lebens.*

[118] Soddy, F. (1921) S. 5

> *In dieser Mittelposition liegt die Ökonomie, völlig unbeeinflusst von der Philosophie des Elektrons und der Seele. Sie ist mit den gewöhnlichen alltäglichen Aspekten des Lebens befasst, Materie und Energie auf der einen Seite und damit den Gesetzen der Mathematik unterworfen, wie sie sich für die unbelebte Natur darstellen. Andererseits den Richtungen und Vorgängen gehorchend, welche dem Willen und den blinden Kräften der Vorsehung folgen.*[119]

Daly interpretiert diese Auffassung in Bezug auf die Wirtschaft so:

> *Soddy meint damit, Ökonomen sollten nicht die beiden äußeren Glieder in dieser Gedankenkette – Elektron und Seele – vernachlässigen, gerade im Gegenteil. Er besteht darauf, dass Wohlstand diese beiden unabhängigen Elemente in sich vereinigen müsste. Was abgelehnt werden muss, ist der „obsessive Monismus" jeder Idealisierung von Materialismus oder Idealismus. Wir sollten den grundsätzlichen (fundamentalen) Dualismus des Materiellen und des Ideellen anerkennen und jeglichen Versuchen widerstehen, alles auf das eine oder das andere zu reduzieren. Wohlstand hat sowohl eine materielle Dimension – materielle Güter und Energie, die den Gesetzmäßigkeiten der unbelebten Natur unterworfen sind, insbesondere den Gesetzen der Thermodynamik – als auch eine zweckorientierte, teleologische Ausrichtung der Nützlichkeit, welche von Geist und Wille beeinflusst ist.*[120]

Soddys Konzept des Wohlstands spiegelt diesen fundamentalen Dualismus wider und bedeutet tatsächlich „Dualistische Ökonomik", obwohl sein erster Vortrag über Ökonomie CARTESIAN ECONOMICS überschrieben ist. Der Untertitel ›Physical Science on State Stewardship‹ bringt diesen Dualismus von „physikalischer Wissenschaft" und „öffentliche Verwaltung" besser zum Ausdruck.

Vermögen und Wohlstand (engl. Wealth)

Wie bereits erwähnt, übernimmt Soddy gewisse Auffassungen über Begriffe der Politischen Ökonomie von Ruskin und damit auch deren Deutung und Interpretationsmöglichkeiten. Ruskin ist, ebenso wie die spätere marxistische Doktrin, davon überzeugt, dass vor allem die

[119] a.a.O. S. 5f
[120] Daly, H. (2015) S. 35

menschliche Arbeitskraft der ausschlaggebende Faktor für die Erzeugung und die Entstehung menschlichen Wohlstandes darstellt. Soddys originäre Gedankenwelt geht allerdings von der Energie als der wichtigsten Quelle jeglichen menschlichen Wohlstandes aus! Seine Bemühungen richten sich darauf, die Erträge aus der Energienutzung zur Wohlstandssteigerung allen Mitgliedern der Gesellschaft zugutekommen zu lassen.

Ruskin - als Kulturkritiker und Sozialphilosoph - beschreibt vorrangig die Begleiterscheinungen der zunehmenden industriellen Nutzung von Energie (vor allem der Kohle) mit ihren negativen Wirkungen für Natur und Menschen. In dieser Tradition stehend, sieht Soddy die grandiosen Möglichkeiten zur Mehrung des menschlichen Wohlstandes mit Hilfe des Einsatzes von Energie in Form einer friedlichen Nutzung der Kernenergie. Anders als für die wissenschaftliche Ökonomik, ist für ihn durch seine Entdeckung der unerschöpflichen Quelle der „Atomenergie“ und deren zukünftigen phantastischen zivilen Einsatz- und Anwendungsmöglichkeiten, das Knappheitsproblem gelöst. In Soddys Augen ist, dank seiner wissenschaftlichen Arbeit, die Versorgung der gesamten Bevölkerung mit den notwendigen Ausstattungen zu einem angenehmen Leben und damit für einen gewissen Wohlstand sichergestellt.

Seine Auffassung über die Grundlagen und die Erzeugung von Wohlstand weichen allerdings entschieden von denen der Vertreter der orthodoxen Ökonomik ab. Ebenso verfolgt er gänzlich andere Vorstellungen über die Art und Weise der Verteilung von Wohlstand! Dazu unterscheidet er zwischen den beiden Kategorien *Wohlstand der Gesellschaft* und *Wohlstand Einzelner*. Die wissenschaftliche Befassung mit dem Wohlstand der Gesellschaft sieht er im Verantwortungsbereich der *„Political Economy“*. Für den Umgang mit dem Wohlstand Einzelner greift er häufiger auf den Begriff der *Chrematistik*[121] zurück.

Über die Entstehung und Erzeugung von Wohlstand und Vermögen schreibt Soddy in seinem Werk WEALTH, VIRTUAL WEALTH UND DEBT sehr ausführlich. Zusammenfassend und verkürzt lässt es sich in etwa folgendermaßen darstellen: In Anlehnung an das Zitat von Ruskin

---

[121] A.d.V.: *Chrematistik* wird verstanden als gewerbsmäßiges Betreiben einer Erwerbswirtschaft mit dem Ziel, sich zu bereichern. Näheres vgl. z. B. Borisonik, H. (2014).

„there ist no wealth but life" entwickelt Soddy einen Begriff von Vermögen und Wohlstand, der auf die Grundlagen des Lebens zurückgreift. Er sucht gewissermaßen die „Urquelle" der Entstehung dessen, was unter „Wealth" verstanden wird und damit eine Bezugsgröße, die als absoluter Maßstab dienen könnte:

> *Eine Definition von Wohlstand sollte sich auf die physikalischen oder materiellen Grundlagen beziehen, auf die Größen, welche menschliches Leben ermöglichen und erhalten. Solche Elemente, die Menschen in die Lage versetzen, ihr Leben zu gestalten, sich zu lieben, Gutes, Schönes und Wahres zu denken und danach zu streben. Diese Ausstattungen konstituieren einen Begriff von Wohlstand. Vor ökonomischen Erwägungen über Wohlstand stehen die schlichten materiellen und physischen Gegebenheiten, die Leben ermöglichen. Dabei handelt es sich um den ständigen Zufluss von lebenspendender Energie, aus dem die Menschen zum Erhalt ihres Lebens schöpfen. Jede Erzeugung von Wohlstand, Vermögen und Reichtum benötigt Zugriff auf den ‚Energiestrom', dessen (nunmehr ökonomisch interpretierbare) Verwendung entweder in Konsum fließt, oder in die Produktion von Gütern und dabei in Abwärme umgewandelt wird.*[122]

Im Unterschied zu Ruskin und Marx erkennt Soddy die Sonnenenergie als vorrangige Quelle für die Erzeugung von Wohlstand. Die Marxsche Auffassung von der Arbeitswertlehre hält er für weniger stichhaltig. Insbesondere betrachtet er sie nicht geeignet als Grundlage für eine Metrik zur Messung des Wohlstandes. Gleichwohl zählt Soddy den menschlichen Fleiß zu den wichtigen Faktoren zur Erzeugung des Wohlstands.

Als dritte wesentliche Komponente gelten ihm die wissenschaftliche Forschung, genauer der menschliche Genius, sowie die daraus resultierenden Innovationen als Quelle für Wohlstand.

---

[122] Im Original bei Soddy, F. (1933) S. 107: ›The two categories of wealth‹: *„A definition of wealth must be based upon the nature of physical or material wealth, in the sense of the physical requisites which empower and enable human life (...) to love, think and pursue goodness, beauty and truth. (...) These enabling requisites are derived from and produced by the flow of available energy in Nature, and represent drafts upon or deductions from this flow, in that for the production of all forms of wealth available energy is required from the natural flow, and either enters into the wealth produced or is used up in producing it—that is, is converted into waste heat."* A.d.V.: Dieser Gedanke ist die Grundlage für die von Nicholas Georgescu-Roegen entwickelte Auffassung von Wirtschaft als „entropischer Transformationsprozess". NGR waren Soddys Werke angeblich nicht bekannt, was durchaus glaubwürdig ist. Vgl. Daly.

Wie Million[123] ausführt, bezeichnet Soddy Wohlstand, Reichtum oder Vermögen als *„eine Form verkörperter brauchbarer Energie."* Er bezieht sein Konstrukt von Vermögen/Wohlstand auf die beiden Hauptsätze der Thermodynamik, den ersten Hauptsatz (Erhaltungssatz) und den zweiten Hauptsatz, das sogenannte Entropiegesetz:

> *Es muss sich also um brauchbare oder verfügbare Energie handeln. Hier kommen wir zum zweiten Hauptsatz der Thermodynamik, dem Entropiegesetz. Nach dem Entropiegesetz muss (...) bei jeder Umwandlung von Energie in einen anderen Zustand ‚ein bestimmter Preis bezahlt werden'. Dieser Preis besteht in einem Verlust an verfügbarer Energie, die in Zukunft für keine Art von Arbeit mehr genutzt werden kann. Diesen Vorgang bezeichnet man als Entropie, und zwar im Sinne einer Maßeinheit. D. h. ‚Entropie (...) ist jene Energiemenge, die nicht mehr in Arbeit umgewandelt werden kann'.*[124]

Für den Wirtschaftsprozess bedeutet dieses physikalische Gesetz, *„(...), dass Produktion und Konsum in Wirklichkeit Transformationen sind, nämlich Transformation von Rohstoffen in konsumierbare Güter und Transformation von konsumierbaren Gütern in Abfälle."*[125]

Soddy legt den Energieerhaltungssatz seinem Vermögensbegriff zugrunde. Vermögen muss – seiner Ansicht nach – in erster Linie als physikalische Kategorie verstanden werden und erst danach ergibt es einen Sinn, sich seinen ökonomischen Aspekten zuzuwenden. Die Entwicklung der englischen Wirtschaft im 19. Jahrhundert dient Soddy als Grundlage der folgenden Argumentation:

> *Die besondere Situation dieses Landes im 19. Jahrhundert, als erste Wirtschaft die aus Kohle gewonnenen Energie für billigere Produktion einzusetzen, bot die Möglichkeit, den Großteil des Bedarfs an Nahrungsmitteln zu importieren. Dafür konnte ein geringer Teil der Gesamtproduktion exportiert werden.*[126]

Die daraus entstehenden Außenhandelsüberschüsse, welche sich in der englischen Außenhandelsbilanz als Kapitalexport zeigten, stellen für Soddy den *„exchange for paper claims to future wealth"* dar, sind also „papierene Forderungen auf zukünftigen Wohlstand/Vermögen". In dieser

[123] Million, C. (2006) S. 32
[124] ebd.
[125] ebd.
[126] Zweig, K. (1929)

Praxis sieht er dann auch den Niedergang der wissenschaftlichen Ökonomik und den Aufstieg der merkantilen Wissenschaft (Chrematistik). An dieser Stelle nimmt Soddy dann auch noch einmal Bezug auf Ruskin:

> *Ihm allein scheint wohl die Bedeutung des Unterschiedes klar gewesen zu sein (…) Aber in seiner Erkenntnis der Realtäten durch den Schein hindurch war Ruskin der wahre Wissenschaftler und in gleicher Weise auch der wahre Künstler.*[127]

Daraus entwickelt er seine Haltung zur ökonomischen Wissenschaft, seine Gedankenführung und seine Vorschläge zur Änderung des ökonomischen Systems – vorwiegend des Finanzsystems.

Wohlstand der Gesellschaft

Soddy beschreibt im ersten Vortrag von KARTESISCHE ÖKONOMIK:

> *Der Wohlstand der Gesellschaft speist sich aus dem Zufluss der Sonnenenergie, der für das biologische Leben zur Verfügung gestellt wird, und stellt gewissermaßen die Einnahmen der Gesellschaft dar (A.d.V. ökonomisch gesehen: Stromgröße). Unterstellt, die Menge dieses Zuflusses ist genügend groß und kann mit Hilfe der verfügbaren Technik nutzbar gemacht werden, kann die Gesellschaft die erforderliche Güterversorgung zur Sicherung ihrer Lebensführung jederzeit und ununterbrochen herstellen. Es ist nicht möglich, aus diesem Zufluss etwas in irgendeiner beträchtlichen Menge zu sparen oder zu speichern. (…) Es ist jedoch möglich, elektrische Energie zu speichern. (…) Die Natur hat in einem Prozess, der geologische Zeiträume umfasst, Energie in Kohle (Öl und Gas) gespeichert, aber was die heutige Generation praktiziert, ist die Ausbeutung dieses Energie-Bestandes – im Vergleich zum Speichervorgang eine leichtere Übung – und die vorzeitige Umwandlung in einen Energiefluss, ehe dieser Reservebestand von wesentlich höherer Nützlichkeit für die Gesellschaft wäre. Über einen kurzen Zeitraum gedacht kann der Energiefluss in konkret nutzbare Gegenstände und Güter umgewandelt werden, in Nahrungsmittel, in Gebäude, die der Unbrauchbarkeit anheimfallen, wenn sie nicht ständig gewartet werden und in produktive Sachanlagen, wie Fabriken, Werften, Schiffe und Infrastrukturen, wie Eisenbahnen, Straßennetze, etc. (…) Alles ist jedoch in gleicher Weise dem Verfall unterworfen, es erfordert jährlich höhere Ausgaben für diesen Wohlstand um*

[127] ebd.

ihn zu erhalten, um dann unter dem Einfluss des technischen Fortschritts plötzlich ausgesondert zu werden. Diese angehäuften Güter und Einrichtungen sollten besser nicht als Wohlstand klassifiziert werden, sondern als Zubehör, das zur Unterstützung und zum Erhalt eines Wohlstands dient, der sich aus dem verfügbaren Energiefluss ständig neu speist. Wohlstand einer Gesellschaft ist als Einnahmestrom[128] *aufzufassen und kann nicht gespeichert werden.*[129]

Seine Wahrnehmung der sozialen Zustände lassen ihn allerdings stark daran zweifeln, dass es den bestehenden Institutionen in den Gesellschaften sowie den politischen, sozialen und ökonomischen Praktiken gelingen könnte, das von ihm identifizierte „Paradoxon" zu lösen. Er weist deshalb den Ökonomen die Aufgabe zu:

Die Aufmerksamkeit des (ökonomischen) Wissenschaftlers sollte sich auf die (staatlichen/öffentlichen) Einnahmen richten und wie sie zur Erfüllung und zur Mehrung des allgemeinen Wohlstandes beitragen können. Wenn und insofern sich die Politische Ökonomie als Wissenschaft versteht, sollte dieses Bemühen auch in erster Linie ihr Anliegen sein. Das Interesse des Einzelnen richtet sich darauf, sich einen größeren Anteil von den Einnahmen für seinen privaten Nutzen zu sichern. Soweit es sich bei einem solchen Streben darum handelt, diesen höheren Anteil zur unmittelbaren Nutzung zu verwenden und nicht allein zu Zwecken der finanziellen Mehrung geschieht, gewinnt auch die Gesellschaft, es wird sozialer Nutzen geschaffen. Eine große und berechtigte Schwierigkeit, welche die Arbeiter mit dem derzeit herrschenden System haben, besteht darin, dass es sehr viel mehr leichte und lukrative Gelegenheiten bietet, Geld zu vermehren ohne einen Beitrag zur sozialen Wohlfahrt zu leisten. Nicht selten trägt diese Praxis sogar dazu bei, soziale Wohlfahrt durch den individuellen Geldbesitz zu zerstören, weil es allein durch die Macht des Geldes möglich wird, die Einnahmen aus reinen Geld- und Finanzgeschäften aufrecht zu erhalten.[130]

---

[128] A.d.V.: Im Unterschied zur geläufigen Taxonomie in der Ökonometrik (Vermögen = Bestandsgröße; Einkommen = Stromgröße) unterscheidet Soddy nicht zwischen Strom- und Bestandsgrößen. Alles fließt... Als Bestandsgröße (-stock) sieht er allenfalls die in festen Stoffen gebundenen und in der Erdkruste abgelagerten Bestandteile der unter dem Einfluss der Sonnenenergie ursprünglich entstandenen Biomassen, die sich in für ökonomische Zwecke nutzbare Energieträger umgewandelt haben (Uran, Kohle, Gas, Öl). Daraus entwickelt sich auch seine Auffassung über den „kontingenten Charakter" von Geld.

[129] Soddy, F. (1922) S. 13f

[130] a.a.O. S. 14

Wohlstand der einzelnen Person

Der Reichtum und Wohlstand einer einzelnen Person ist als etwas davon völlig Verschiedenes zu betrachten:

> *Der durchschnittliche Bürger verfügt in der großen Mehrzahl über ein Vermögen das kleiner ist, als dass er eine Woche davon seinen Lebensunterhalt bestreiten könnte. Durch einen gesellschaftlich legalisierten Gegenstand, in früheren Zeitaltern und Gesellschaften z. B. Muscheln, Goldstücke etc., inzwischen Papierscheine in Gestalt der Währung, wird die Verschuldung der Gesellschaft gegenüber dem einzelnen Inhaber dieses Papierscheins anerkannt. Der Besitz dieser Papierscheine ermächtigt ihn dazu, jederzeit auf den Strom der realen Güter auf den Märkten zuzugreifen. Bereits an dieser Stelle erkennen wir den fundamentalen Gegensatz der Interessen zwischen dem Individuum und der Gesellschaft."*[131]

Hier werden die Ressourcen von Soddy – mit Bezug auf Ruskin – verstanden als „Erträge aus der Nutzung der Sonnenenergie":

> *Wie Ruskin es ausdrückt, ist es die Grundregel und auch die Wurzel aller Ökonomie, dass das was der eine besitzt, der andere nicht haben kann. Je mehr der Einzelne in der Lage ist, sich gegenüber der Gesellschaft zu verschulden (A.d.V. ‚anschreiben zu lassen'), umso weniger ist übrig für den Rest der Gesellschaft, für öffentliche Einrichtungen und damit für die Einnahmen, um den gesellschaftlichen Nutzen zu erhöhen und nicht zur Steigerung privater Gewinne.*[132]

Geld- und Währungssystem – Verteilung von Wohlstand

Soddy bewegt vor allem die Frage der sozial gerechten Verteilung des vorhandenen und zukünftigen Wohlstandes. Das größte Hindernis auf dem Weg dorthin scheint ihm die Art und Weise des bestehenden und praktizierten Geld- und Währungssystems zu sein. Seine Suche nach Ursachen der von ihm kritisierten sozialökonomischen Zustände beschränkt sich deshalb nicht nur darauf, die physikalischen Grundlagen und Zusammenhänge von Produktions- und Konsumvorgängen in der Wirtschaft zu analysieren.

---

[131] ebd.
[132] ebd.

Wesentliche Gründe für das von ihm konstatierte Missverhältnis in der gesellschaftlichen und sozialen Entwicklung sieht er im herrschenden Geld- und Finanzwesen:

> *Beeinflusst von den sozialkritischen Werken John Ruskins und den Büchern des Geldreformers Arthur Kitson kam Soddy zum Schluss, dass das moderne Geldsystem, welches die Verteilung dieses Überflusses bewerkstelligen sollte, versagt hat. Anstatt für eine gerechte Verteilung zu sorgen und die Errungenschaften von Wissenschaft und Technik allen zugänglich zu machen, hat das Geldsystem Gesellschaften gespalten und gegeneinander aufgehetzt; die furchtbaren Verwüstungen des Ersten Weltkrieges zeugten davon. Gab es einen direkten Zusammenhang zwischen der Funktionslogik der modernen Geldwirtschaft und der Schuldenwirtschaft, die Kriege im großen Stil erst finanzierbar machen?*[133]

Schuf Soddy eine Energie-Wertlehre?

Die Auseinandersetzung über die Rolle und die Bedeutung von Energie in der Ökonomik hat eine lange Tradition. Besonders zu Ende des 19. und zu Beginn des 20. Jahrhunderts entstand in den Naturwissenschaften nach und nach die Ansicht, dass mithilfe des neu entwickelten Konzeptes von „Energie" eine umfassende Grundlage zur Vereinheitlichung der Wissenschaften gegeben war. Damit sollte dieses Konzept auch für die Ökonomik erkenntnisleitende Funktion übernehmen; so z. B. bei der Herleitung und Bestimmung wirtschaftlicher Werte:

> *Die Neo-Energetik, die Überzeugung, dass zwischen dem physikalischen Konzept der Energie und dem wirtschaftlichen Konzept des Wertes eine wortwörtliche Identität besteht (abgesehen davon, ob es sich dabei um ‚verfügbare' Energie handelt), hat eine lange und illustre Geschichte, die bis in die 1860er Jahre zurückreicht.*[134]

Mirowski beschreibt den Entwicklungsverlauf der verschiedenen, inzwischen entstandenen Erklärungsansätze zu einer „energetischen Werttheorie" in ihrer Beziehung zur neoklassischen Ökonomik:

---

[133] Million, C. (2006) S. 31

[134] Mirowski, Ph. (1988) S. 812: *„Neo-energetics, the conviction that there exists a literal identity between the physical concept of energy and the economic concept of value (leaving aside whether it is qualified as ‚available' energy), has a long and illustrious history, dating back to the 1860s."*

> *Insgesamt ist festzustellen, dass die Energiewerttheorie von den 1880er Jahren bis heute fast durchgehend von Gruppen vertreten wird, die die hegemoniale Vorherrschaft der neoklassischen Wirtschaftstheorie nicht anerkennen.*[135]

Gemäß dem Satz „Das Erkenntnisobjekt folgt dem Erfahrungsobjekt", oder anders formuliert: „Das Erfahrungsobjekt bestimmt das Erkenntnisobjekt", zeigt sich in den vergangenen Jahrzehnten, dass die von Soddy formulierten grundlegenden Erkenntnisse für die Ökonomik und die gesellschaftliche Entwicklung zunehmend an Bedeutung gewinnen. Von wissenschaftlichen Vertretern der Umweltökonomie oder der „Ecological Economics" wird Soddy inzwischen zunehmend häufiger genannt und zitiert.[136] Seine Beiträge finden hin und wieder ebenfalls Erwähnung im Zusammenhang mit der Diskussion um die Grundlagen der ökonomischen Wertbestimmung auf der Grundlage der „Energetik", u. a. bei Mirowski. Soddy fügte sich mit seinen Überlegungen zur Erfassung, Erklärung und Bestimmung von Vermögen bzw. Reichtum (*wealth*) nahtlos in diese Bewegung ein. Mirowski zitiert aus Soddys Beitrag SCIENCE AND LIFE aus dem Jahr 1920:

> *Energie, so könnte man sagen, ist eine bloße Abstraktion, ein bloßer Fachbegriff, keine reale Sache. In dieser Hinsicht, wie auch in vielen anderen, ist sie wie eine Abstraktion, der niemand die Realität absprechen würde, und diese Abstraktion ist das Vermögen. Vermögen ist die Fähigkeit, etwas zu kaufen, so wie Energie die Fähigkeit ist, zu arbeiten. Ich kann Ihnen die Energie nicht zeigen, nur ihre Wirkungen (…) Abstraktion oder nicht, die Energie ist so real wie das Vermögen – ich bin mir nicht sicher, ob sie nicht zwei Aspekte derselben Sache sind.*[137]

---

[135] a.a.O. S. 816: „*What this all adds up to is a nearly continuous espousal of the energy theory of value from the 1880s to the present by groups that do not acknowledge the hegemony of neoclassical economic theory.*"

[136] A.d.V.: Beispielhaft sei hier auf folgendes Zitat bei Söllner verwiesen; Original bei Soddy, F. (1933) S. 102 zitiert nach Söllner, F. (1996) S. 5: „*No exact science can progress until it has established within ist province laws of conservation, and decided what are the real quantities which do not change with progress of time and circumstance.*"

[137] Original bei Soddy, F. (1920) S. 27-8: „*Energy, someone may say, is a mere abstraction, a mere term, not a real thing. As you will. In this, as in many another respects, it is like an abstraction no one would deny reality to, and that abstraction is wealth. Wealth is the power of purchasing, as energy is the power of working. I cannot show you energy, only its effects (...) Abstraction or not, energy is as real as wealth – I am not sure, that they are not two aspects of the same thing.*"
Vgl. dazu: Mirowski, Ph. (1989) S. 99

Wie Soddy, allerdings erst Jahrzehnte später, sieht auch der rumänisch-amerikanische Wirtschaftsphilosoph Nicholas Georgescu-Roegen (1906–1994) die Hauptsätze der Thermodynamik als bestimmend für die Möglichkeiten und die Grenzen der ökonomischen Entwicklung an. In diesem Zusammenhang ist deshalb allerdings bemerkenswert, dass sich in den Werken dieses wichtigsten Vertreters der biophysikalischen Ökonomie, oder wie er es nannte, der Bioökonomik, keinerlei Hinweise auf eine Wahrnehmung der Soddyschen Gedanken findet.

Denn bereits 1931 formulierte Soddy in seinem Buch MONEY VERSUS MAN die primäre Bedeutung sowie die Konsequenzen der naturwissenschaftlichen Erkenntnisse über die Thermodynamik für die Grundlagen der ökonomischen Wissenschaften! Er führte aus, dass es durch die Ergebnisse der Forschungen im 19. Jahrhundert auf dem Gebiet der „mechanischen Wärmelehre" - wie die Thermodynamik damals genannt wurde - nämlich durch die Formulierung des ersten und zweiten Hauptsatzes der Thermodynamik, den Ingenieuren gelungen sei, die Probleme der Produktion zu lösen (in Form der Dampfmaschine).

Durch die Anwendung dieser Erkenntnisse auf das Geld- und Finanzsystem, sei es wiederum ihm gelungen, die Bedeutung und die Funktion von Geld im ökonomischen Sinne zu klären. Negativ ausgedrückt und in lateinischer Form „Ex nihilo nihil fit": „Von Nichts kommt Nichts". Positiv formuliert sind es die Bedeutung und die Wirkungen der Sätze von der Erhaltung der Energie und der Materie![138]

Angewandt auf die Wirtschaft bedeutet dies: Um zu produzieren und Vermögenswerte zu erzeugen, muss Energie eingesetzt und verbraucht werden. Verbrauch bedeutet allerdings nicht vollständige Vernichtung, jedoch Umwandlung in nicht mehr brauch- und nutzbare Abfallprodukte. Das Abfallprodukt bei Energieumwandlung besteht in Wärme, allerdings in einem Temperaturbereich, der zu gering ist für weitere Nutzung. Über die Behandlung dieser elementaren und für die Beurteilung der wirtschaftlichen Produktionsvorgänge wichtigen thermodynamischen Erkenntnisse in Bezug auf das praktizierte Geld- und Finanzsystem urteilt Soddy: „*There is altogether too much transcendental mathematics about money as it is. The common sense of these laws is that a perpetual*

[138] Vgl. dazu: Soddy, F. (1931) S. 29

motion machine is not possible."[139] Damit verweist Soddy die in der ökonomischen Wissenschaft nach wie vor aufrechterhaltene Metaphorik eines geschlossenen Güter-Geld-Kreislaufes bereits vor 90 Jahren in den Orkus der Wissenschaften!

Georgescu-Roegen hatte sich einige Jahrzehnte später ebenfalls auf die thermodynamischen Grundlagen des Wirtschaftsprozesses berufen. Aber seine Formulierung, dass es sich dabei um einen „entropischen Transformationsprozess" handeln müsse, bildete sich weniger aus naturwissenschaftlich-technischem Verständnis, wie bei Soddy, sondern entsprangen seinen Erfahrungen, praktischen Anschauungen und Beobachtungen auf den Grundlagen eines mathematisch und ökonomisch geschulten Wissenschaftlers. Georgescu-Roegen hat seine Erkenntnis, die ihn zu diesen Einsichten führte, in folgendem Zitat zusammengefasst:

> *Es war damals, als ich auf den durch die Kriegsereignisse berühmt gewordenen Ölfeldern von Ploesti, Rumänien beobachtete, dass die Öl- Bohrstellen nach und nach austrockneten und die Bauern gleichzeitig gegen die zunehmenden Ertragsausfälle ihrer Böden kämpften. Die Idee, dass der ökonomische Prozess nicht einem mechanischen Prozess entsprechen kann, sondern eine einseitig gerichtete entropische Transformation darstellt, hatte mich schon lange überzeugt. Jetzt kristallisierten sich meine Gedanken jedoch darin, dass es ein Prozess sein muss, in dem wertvolle natürliche Ressourcen in wertlosen Abfall verwandelt werden.*[140]

Diese Gedankenführung ersetzt die Metaphorik von der Wirtschaft als einen zeitlosen stationären Kreislauf von immer Wiederkehrendem, deren epistemologische Grundlage ein mechanistisches Weltbild ist, durch die Auffassung von Wirtschaft als einen lebenden Organismus. Die wirtschaftlichen Aktivitäten von Produktion und Konsumtion besitzen nach diesem Verständnis metabolischen Charakter. Im Unterschied zu Soddy versuchte Georgescu-Roegen allerdings nicht, seine gleichartigen Erkenntnisse über die Bedeutung von Energie für die Wirtschaft in Verbindung mit der Wirkungsweise des Finanzsystems zu bringen!

Beide Namen werden - aus der Sicht der Ökonomik - jedoch nicht selten in Zusammenhang mit der Entstehung und Formulierung von

---

[139] a.a.O. S. 30 („*Es gibt ohnehin schon viel zu viel transzendentale Mathematik über Geld. Der gesunde Menschenverstand dieser Gesetze besagt, dass ein Perpetuum mobile nicht möglich ist.*")
[140] Georgescu-Roegen, N. (1976) Foreword xiv

„Energie-basierten Werttheorien" gebracht.[141] Im Falle von Georgescu-Roegen trifft dies in keinem Fall zu! Für Soddy fällt die Beurteilung in dieser Hinsicht allerdings etwas anders aus: *„(...) the most famous and most consistent advocate of an energy theory of value in the 1920s and 1930s was Frederick Soddy."*[142]

Diese Einschätzung unterstreicht auch das folgende Zitat von Soddy: *„The energy available for each individual man is his income."*[143]

In seinem Werk THE ROLE OF MONEY formuliert Soddy die Überschrift des ersten Kapitels als ›The Philosophic Background Ergosophy‹. Einen Abschnitt darin betitelt er ausdrücklich mit ›Energy Theory of Wealth‹. Im Vorwort schreibt er:

> *In this book the mode of approach and the philosophy of money is expounded in the light of a group of new doctrines, to which the name ergosophy is collectively given, which regard economics, sociology, and history with the eye of the engineer rather than with that of the humanist.*[144]

Er fährt dann fort:

> *(...) the writer undertook an original examination into the real physical foundations of the conventions and half-truths that pass for economics, and particularly into those underlying the mechanism of distribution, which is, in a monetary civilization, the money system.*[145]

In seinem Bemühen, die Rätsel und Geheimnisse um das Geld zu lüften, nimmt Soddy dann die soziale (gesellschaftliche) Sichtweise auf das Geld- und das Währungssystem ein. Er begründet diese Vorgehensweise mit der Verwirrung um Begriffe wie „cash" und „credit" aus der Sicht des Einzelnen. Ebenso entstehe Verwirrung, wenn der Begriff

---

[141] A.d.V.: Vgl. z. B. Mirowski, Ph. (1989) S. 395, Soddy wird dabei als „neo-energist" in einer Reihe mit dem Ukrainer Serhij Podolynskyj (1850–91) genannt, der in seinem Aufsatz „Sozialismus und die Einheit der physikalischen Kräfte" 1880 eine neue Theorie des Arbeitswertes auf der Grundlage der verkörperten Energie entwarf.

[142] Mirowski, Ph. (1988) S. 813

[143] Trenn, T. J. (1979) S. 261

[144] Soddy, F. (1934) S. X, Übersetzung d. Verf.: *„In diesem Buch werden die Herangehensweise an das Thema und die Philosophie des Geldes im Lichte einer Gruppe neuer Lehrsätze dargelegt, die unter dem Namen Ergosophie zusammengefasst werden und die Ökonomie, Soziologie und Geschichte eher mit dem Blick des Ingenieurs als mit dem des Humanisten betrachten."*

[145] a.a.O. S. 3, Übersetzung d. Verf.: *„(...) der Autor unternahm eine neuartige Überprüfung der realen physikalischen Grundlagen der Konventionen und Halbwahrheiten, die als Wirtschaftswissenschaft durchgehen, und insbesondere derjenigen, die dem Verteilungsmechanismus zugrunde liegen, welcher in einer monetären Zivilisation das Geldsystem bedeutet."*

„Vermögen" einzelwirtschaftlich betrachtet werde und wenn über Vermögen oder Reichtum in gesamtwirtschaftlicher Sicht gesprochen werde:

> *Deshalb erfordert die technische Untersuchung des Geldes in besonderer Weise die Fähigkeit zur Verallgemeinerung und oft sogar die völlige Umkehrung der Vorstellungen, die dem Einzelnen gelten. Diese Faktoren haben leider nicht nur in der sogenannten Geldlehre völlig gefehlt, sondern in gleichem und noch wichtigerem Maße in den grundlegenden Systemen der orthodoxen Ökonomie, zu der die Geldlehre gehört.*[146]

Die Zeitumstände brächten es mit sich, dass sich eine Reihe von Leuten Gedanken über das Geldsystem machten und Konzepte entwickelten, in denen die Prinzipien naturwissenschaftlichen Denkens auf die Wirtschaft und die Soziologie angewandt würden. Darunter befänden sich Physiker und Chemiker sowie Ingenieure, die mehr daran orientiert wären, in physikalischen Kategorien zu denken, als in sozialen oder gesetzlichen Konventionen und:

> *(...) sich kaum mit den Problemen und Kontroversen der Einzel- oder Klassenökonomie [befassen], sondern mit der Bedeutung breiter allgemeiner und völlig unausweichlicher Prinzipien; insbesondere die Prinzipien der Energetik, im Hinblick auf das Wohlergehen ganzer Gemeinschaften, die von der Produktion und Verteilung von Vermögensgegenständen betroffen sind.*[147]

An dieser Stelle bedarf es eines kurzen erkenntnistheoretischen Einschubs zu den Begrifflichkeiten von „Wert" und den damit verbundenen theoretischen Problem- und Fragestellungen in den Sozial- und den Naturwissenschaften. Söllner, als Ökonom, kommt zu dem Schluss:

> *Die Untersuchung der wichtigsten bislang aufgestellten Werttheorien führt zu der überraschenden Erkenntnis, dass alle diese Werttheorien naturwissenschaftlichen Ursprungs sind – d. h. die entsprechenden Wertbegriffe sind ohne Ausnahme von naturwissenschaftlichen Konzepten abgeleitet worden.*[148]

Er erkennt für die Ökonomik im Wesentlichen (...)

---

[146] a.a.O. S. 4
[147] a.a.O. S. 5
[148] Söllner, F. (1996)

> *zwei Arten natürlicher Wertlehren, (...) Substanztheorien des Wertes: Der Wert der Güter wird dabei durch eine in ihnen enthaltene Wertsubstanz verkörpert (...). Die Substanztheorien des Wertes entsprechen der kartesianischen Physik, welche alle Phänomene der materiellen Welt auf die Bewegung von Substanzen reduzierte; ganz analog wird das Wirtschaftsleben als Bewegung der Wertsubstanz zwischen den verschiedenen Wirtschaftssubjekten beschrieben.*[149]

Als zweite natürliche „Metapher" ist die Feldtheorie des Wertes zu nennen, welche das Herzstück der neoklassischen Ökonomie darstellt:

> *Diese setzt Wert mit Nutzen gleich, der – analog dem Energiefeld – als Skalarfeld definiert wurde. Damit wird der Wert nicht mehr in den Gütern, sondern in den Individuen (genauer gesagt, deren Präferenzen) lokalisiert und er muss folglich bei Tauschvorgängen nicht länger erhalten bleiben, sondern kann variieren. Die der Neoklassik entsprechende physikalische Theorie ist die Newtonsche Mechanik.*[150]

Soddy – als Naturwissenschaftler – fordert:

> *Keine exakte Wissenschaft kann sich entwickeln, ehe sie sich nicht innerhalb ihres Bezugsbereiches gewisse Erhaltungssätze (A.d.V.: gewissermaßen unverrückbare Bezugspunkte) geschaffen hat, sowie entschieden hat, welche Größen sich – unabhängig von Zeit und anderen Umständen nicht verändern dürfen.*[151]

Er beruft sich dabei auf Ruskin, der für die Grundlagen einer Ökonomik, die sich als Wissenschaft versteht, eine logische Definition des Vermögens als für absolut notwendig erklärt. Mit den Gesetzen der Thermodynamik sieht Soddy die Voraussetzungen zur Erfüllung dieser Forderung als gegeben an. Allerdings verhindert in seiner Sicht das existierende Finanz- und Geldsystem die Entfaltungsmöglichkeiten der Ökonomie zum Wohl aller.

Im Falle von Soddy liegt Trenn vermutlich nicht falsch mit seiner Feststellung über dessen Motivation zur Beschäftigung mit dem Problem der mangelnden bzw. fehlenden Wertbestimmung: *„Soddy*

---

[149] ebd.

[150] Mirowski, Ph. (1989)

[151] Soddy, F. (1933) S. 102

considered an antiquated money system lacking a proper scientific standard of value and distribution to be the source of the difficulty.“[152]

Ebenso trifft die Bemerkung von Mirowski zu: „*Soddy's story is somewhat tragic and deserves more attention than we are capable of paying it here.*“[153] Inwieweit allerdings seine folgende Feststellung zutreffend sein könnte, sei jedoch dahingestellt:

> *Unfortunately, and by his own admission, Soddy was not much of a mathematician, and thus was incapable of following up the lines of inquiry (...) Instead, he merely put forward a very rudimentary energy theory of value, and used it to embark upon a crusade against bankers and financiers, since they wielded economic power with no grounding in ‚real' energy relations.*[154]

Immerhin lässt er Soddy noch ein gewisses Maß an Anerkennung zukommen:

> *Although he is now often lumped together with the other ‚money cranks' of the 1930s, such as Major Douglas and Silvio Gesell, a case can be made that he was a different kettle of fish. He at least possessed a theory of value and derived some analytical statements concerning monetary divergences from those value principles. Be that as it may, Soddy's monetary theories were not very acute, his Oxford colleagues did not appreciate the attacks on bankers, and the temper of the times tended to the view that the scientist was justified in abdication of all responsibility for the way his results were later used. Hence Soddy died without honor among either chemists or economists.*[155]

Seine Reformvorschläge

Die Überlegungen Soddys zur Umgestaltung des Geld- Finanz- und Bankensystems münden in konkrete Vorschläge. Er betrachtet Geld zunächst vorwiegend in seiner Funktion zur Abwicklung von Tauschgeschäften („Tauschmittelfunktion“), also nicht der Funktion einer dauerhaften Wertaufbewahrung („Sparfunktion“).

---

[152] Trenn, T. J. (1979) S. 276, Übersetzung d. Verf.: „*Soddy sah die Ursache der Schwierigkeiten in einem veralteten Geldsystem, dem ein angemessener wissenschaftlicher Wert- und Verteilungsmaßstab fehlte.*“

[153] Mirowski P. (1989) S. 813f

[154] ebd.

[155] ebd.

Der Vermögenswert des Geldes für die Angehörigen einer Volkswirtschaft ergibt sich für ihn aus der permanenten Nutzung und Instandhaltung des produktiven Vermögens und den damit geschaffenen Konsummöglichkeiten für die Angehörigen der Gesellschaft (Wohlstand). Die daraus entstehende Kaufkraft der Währung ist die strategische Größe in seinen Überlegungen. Sie gilt es so zu steuern, dass es nach Möglichkeit weder zu inflationären noch zu deflationären Wertebewegungen kommen kann.

Dazu hält er die Übertragung der Geldschöpfung auf eine staatlich bestimmte und kontrollierte Einrichtung für erforderlich.

Das Bankensystem ist weiterhin zur Kreditvergabe gegen Zinszahlungen berechtigt. Allerdings unterliegt es einer 100%igen Reservebildung in Höhe der vergebenen Kredite bei der geldschöpfenden Institution. Mit diesem Vorschlag wird die Kreditgeldschöpfung limitiert. Es würden weiterhin Darlehen vergeben und Banken in der Lage sein, Kredite gegen Zinsen vergeben zu können, *„eben das reale Geld in derselben Höhe wie die Einlagen von realen Sparern"*, d. h. von Personen, die auf heutigen Konsum verzichten und sparen. Dafür erhalten sie einen größeren Anspruch auf den in der Zukunft geschaffenen Wohlstand (Zinszahlungen).

Den Außenwert des Geldes sieht Soddy in einem System frei schwankender Wechselkurse gesichert – mit Interventionsmöglichkeiten, um spekulative Bewegungen zu vermeiden.

Zur laufenden Überprüfung der Kaufkraft wäre *„ein rein wissenschaftliches statistisches oder meteorologisches Amt"* damit beauftragt, die Entwicklung der Kaufkraft des Geldes zu überwachen. Anhand eines Indexes würden die Lebenshaltungskosten ermittelt, um festzustellen, wieviel Geld vom Staat emittiert oder eingezogen werden müsste, um diesen Index stabil zu halten. Der Staat hätte seine Finanzpolitik entsprechend auszurichten.[156]

Obwohl seine Anregungen nicht allzu weit von den Überlegungen entfernt lagen, wie sie im sogenannten *Chicago Plan* enthalten waren, konnten sie sich zum damaligen Zeitpunkt nicht durchsetzen. Stattdessen entstand das sogenannte *Bretton-Woods-System,* dessen Tage

[156] Vgl. dazu Million, C. (2006) S. 35

allerdings - nach nicht allzu langer Dauer - Anfang der 70er Jahre des vorigen Jahrhunderts gezählt waren.

Sein Vermächtnis

Die unstrittige Bedeutung der Arbeiten Soddys auf dem Gebiet der Naturwissenschaften wurde durch die Verleihung eines Nobelpreises in Chemie gewürdigt.

Frederick Soddy verkörperte aber in sich auch die höchst seltene Vereinigung eines überragenden Naturwissenschaftlers mit einem ausgeprägten Gespür für soziale Fragestellungen und dem nötigen Sinn für denkbare Lösungen. Hinzu trat sein unerbittlicher, nahezu unerfüllbarer, ethischer und moralischer Anspruch in Bezug auf die persönliche Integrität und Verantwortlichkeit an die wissenschaftliche Tätigkeit eines Menschen - und an sich selbst.

Seine eindringlichen Warnungen und Stellungnahmen im Zusammenhang mit der von ihm sehr früh erkannten todbringenden Gefahren der militärischen und kriegerischen Nutzung seiner Entdeckungen, dokumentiert seine Ausnahmestellung unter den Wissenschaftlern.

Seine grundlegenden Beiträge zur Entwicklung des sozialphilosophischen Denkens wurden lange Zeit nicht wahrgenommen oder mit Kopfschütteln quittiert. Diese Feststellung lässt sich u. a. daran festmachen, dass in der nunmehr nahezu fünfzig Jahre andauernden Diskussion um das kritische Verhältnis von Ökologie und Ökonomie sein Name und seine Beiträge so gut wie nie auftauchen, wie Söllner erst (bzw. schon!) in einem Beitrag aus dem Jahr 1999 feststellt:

> *Im deutschen Sprachraum hat Soddy in den letzten 60 Jahren überhaupt keine Beachtung gefunden (...) Und auch in den angelsächsischen Ländern sind seine ökonomischen Werke in Vergessenheit geraten; zwar machten Daly und Martinez-Alier auf seine Ausflüge in die Wirtschaftswissenschaft und deren Bedeutung für die Umweltökonomie aufmerksam, doch kann von einer umfassenden Rezeption (noch?) nicht die Rede sein.*[157]

Die unausweichliche Logik der Gedankenführung Soddys, die mitunter sperrige, aber stets wohl gewählte Formulierung seiner Texte, zusammen

[157] Söllner, F. (1999)

mit einem, bei Wissenschaftlern selten anzutreffenden, prononcierten gesellschaftlichen Engagement, riefen an manchen Stellen Irritationen und Missverständnisse hervor.

Seine unvoreingenommene Überschreitung transdisziplinärer Grenzen mit dem öffentlich verkündeten Anspruch, Lösungen für bisher ungelöste Probleme in der Tasche zu haben, weckte bei Betroffenen und Beteiligten verständlicherweise Vorbehalte und Abwehrreaktionen. Die Anwendung naturwissenschaftlicher Methoden und Grundlagen *„gepaart mit einem unbestechlichen, analytisch und systematisch geschulten Blick eines Außenstehenden auf sozial-ökonomische Problemstellungen"*[158], wie Arbeitslosigkeit, Inflation und Armut, kann zunächst auch etwas gewöhnungsbedürftige Schlussfolgerungen liefern.

Ein Satz wie: *„Money (...) is the nothing you get for something before you can get anything"*[159] findet natürlich schwer - auf Anhieb - eine geneigte Leserschaft. So ist es denn auch nicht verwunderlich, dass die löblichen Kritiken über seine Anstrengungen auf diesem Gebiet ziemlich rar blieben.[160] Nicht nur das. Diese Kritiken führten auch letztlich dazu, Soddy als einen *„crank"* abzustempeln und ihn damit in gewisser Weise auch persönlich zu diskreditieren. Damit erging es ihm nicht anders, als Zeitgenossen mit ähnlichen Zielsetzungen, wie Silvio Gesell und sogar Irving Fisher.

Dennoch hat Soddy mit seinen Überlegungen und Ausführungen zum Verhältnis zwischen der Geld- und der Realwirtschaft wichtige und richtungsweisende Impulse zur Bewältigung des Konfliktes zwischen dem Anspruch ständigen Wirtschaftswachstums und der Anerkennung begrenzter natürlicher Aufnahmekapazitäten gesetzt.

Mit seiner Feststellung: *„Die Grundsätze und die Ethik der von Menschen verfassten Regeln und Übereinkünfte dürfen nicht die Gesetze der Thermodynamik verleugnen (übersehen)"*[161] hat er einen imperativen Aufruf an die gesellschaftlichen, technischen und ökonomischen Folgegenerationen

---

[158] ebd.

[159] Soddy, F. (1934)

[160] Vgl. z. B. Soddy Review von James F. Cusick in *Journal of the American Statistical Association*, Vol. 31, No.193 (March 1936), pp. 223-224 oder das Review von Arthur W. Marget im *Journal of Political Economy*, Vol. 44, No. 4 (Aug., 1936), pp. 565-567

[161] Soddy, F. (1922) S. 9: *„The principles and ethics of human law and convention must not run counter to those of thermodynamics."*

formuliert, dessen Bedeutung sich in seiner existenziellen Wichtigkeit und Dringlichkeit zunehmend als unwiderlegbar erweist.

Diese Einsicht kann sich offenbar erst im Laufe der Entwicklung des industriellen Wirtschaftssystems, seiner gesellschaftlichen Auswirkungen und durch die negativen Begleiterscheinungen auf die natürliche Umwelt und die Gesundheit der Menschen, einstellen.

Noch einmal Söllner:

> *Aufgrund seiner Forderung nach Berücksichtigung grundlegender naturwissenschaftlicher Erkenntnisse in der Ökonomie, seines Zweifels an der Möglichkeit eines fortgesetzten exponentiellen Wirtschaftswachstums und seiner Forderung ‚endlicher' Ziele für das menschliche Wirtschaften, ist er für die Umweltökonomie im Allgemeinen und für die Ökologische Ökonomie im Besonderen von Bedeutung – hat er doch viele Elemente letzterer vorweggenommen.*[162]

In Zeiten, in denen die Zustände in der Welt geprägt sind vom Taumel von einer Krise zur nächsten, wäre es an der Zeit, den Erkenntnissen von Frederick Soddy größere Aufmerksamkeit als bisher zu widmen.

[162] Söllner, F. (1999)

Literatur und Quellen

Ballinger, C. (2013). *Some pre-Great Depression Roots of The Chicago Plan.* in https://clintballinger.edublogs.org/2013/01/14/some-pre-great-depression-roots-of-the-chicago-plan-minskys-financial-instability-hypothesis/ (letzter Abruf: 30.08.21)

Beaver, S. (1962). *The Le Play Society and Field Work.* Geography, 47 (3).

Berndt, E. R. (1981). *From Technocracy to Net Energy Analysis: Engineers, Economists and Recurring Energy Theories of Value.* Studies in Energy and the American Economy. ASIN B00070SQAE. Energy Laboratory, Sloan School of Management, MIT.

Borisonik, H. (2014). *Aristotle and the Tensions between Politics and Economy.* Journal of Finance and Economics 2.1: 1-6. in http://www.sciepub.com/reference/33063 (letzter Abruf: 30.08.21)

Cleveland, C. J. (1987). *Biophysical economics: Historical Perspective and current Research Trends.* Ecological Modelling, 38, 47-73.

Costanza, R. (Hrsg.) (2015). *An Introduction to Ecological Economics.* Second Edition. ASIN: B00ZY8EZYK. CRC Press.

Cruickshank, A. D. (1979). *Soddy at Oxford.* The British Journal for the History of Science, Vol. 12, No. 3, 277-288.

Daly, H. (1980). *The Economic Thought of Frederick Soddy.* in https://billtotten.wordpress.com/2009/07/12/the-economic-thought-of-frederick-soddy/ (letzter Abruf: 30.08.21)

Daly, H. (2015). *Dualist Economics. An Introduction to Ecological Economics.* 2nd Edition

Davies, M. (1992). *Frederick Soddy: The scientist as prophet.* Annals of Science, 49:4, 351-367.

Fleck, A. (1957). *Frederick Soddy 1877-1956.* Biographical Memoirs, R. Soc. 3, 203-216, in https://royalsocietypublishing.org/doi/pdf/10.1098/rsbm.1957.0014 (letzter Abruf: 30.08.21)

Galbraith, J. K. (1975). *Money: Whence it came, Where it went.* Boston: Houghton Muffin Co.

Georgescu-Roegen, N. (1976). *Energy and economic myths. Institutional and Analytical Economic Essays.* New York: Pergamon Press Inc.

Guston, D. H. (2012). *The Pumpkin or the Tiger? Michael Polanyi, Frederick Soddy, and Anticipating Emerging Technologies.* Minerva, 50(3), 363–379. in https://www.ncbi.nlm.nih.gov/pmc/articles/PMC3456912/ (letzter Abruf: 30.08.21)

Hall, C. & Kitgard, K. (2012). *Energy and the Wealth of Nations. Understanding the Biophysical Economy.* ISBN 978-1-4419-9397-7

Howorth, M. & Soddy, F. (1953) *Atomic Transmutation: The Greatest Discovery Ever Made from Memoirs of Frederick Soddy, M.A., LL.D., F.R.S., Nobel Laureate.* New World Publications.

Howorth, M. (1958). *Pioneer Research on the Atom: Rutherford and Soddy in a Glorious Chapter of Science: The Life Story of Frederick Soddy, M.A., LL.D., F.R.S., Nobel Laureate.* New World Publications.

Kauffman, G. B. (1986). *Frederick Soddy (1877-1956) Early Pioneer in Radiochemistry.* California State University

Kauffman, G. B. (2013). *Celebrating The Isotope.* in https://cen.acs.org/articles/91/i48/Celebrating-Isotope.html (letzter Abruf: 30.08.21)

Lewis, N. S. (2007). *Powering the Planet.* Engineering and Science, 70 (No.2), 12-23.

Martinez-Alier, J. (1987). *Ecological Economics, Energy, Environment and Society.* New York

Meitner, L. (1924). *Der Zusammenhang zwischen β- und γ-Strahlen.* In: Schriftleitung der »Naturwissenschaften« Ergebnisse der Exakten Naturwissenschaften. Heidelberg: Springer.

Merricks, L. (1996a). *Frederick Soddy: Scientist, economist and environmentalist - an examination of his politics.* Capitalism Nature Socialism, 7:4, 59-78. DOI: 10.1080/10455759609358708

Merricks, L. (1996b). *The World Made New. Frederick Soddy, Science, Politics and Environment.* Oxford University Press.

Million, C. (2006). *Frederick Soddy und die Physik des Schuldenmachens.* Zeitschrift für Sozialökonomie, 151/31-36.

Mirowski, Ph. (1988). *Energy and Energetics in Economic Theory: A Review Essay.* Journal of Economic Issues, 22, 811-830.

Mirowski, Ph. (1989). *More Heat than Light, Economics as Social Physics: Physics as Nature's Economics.* Historical Perspectives on Modern Economics, S. 354-395). Cambridge University Press.

Paneth, F. A. (1957). *A Tribute to Soddy,* NATURE; Nov., S. 1085, siehe https://www.nature.com/articles/1801085a0 (letzter Abruf: 30.08.21)

Rayner-Canham, M. & Rayner-Canham, G. (2008). *Chemistry was their Life: Pioneering British Women Chemists, 1880-1949.* World Scientific.

Richards, L. M. (2018). *Frederick Soddy: Transmutation in Science and Society* in: Rutherfords Chemists, Published by the History of Physics Group of The Institute of Physics. ISSN 2516-3353.

Sclove, R. E. (1989). *From Alchemy to Atomic War: Frederick Soddy's Technology Assessment of Atomic Energy, 1900-1915;* Science, Technology & Human Values, Vol. 14, No. 2, 163-194.

Soddy, F. (1912). *Matter and Energy.* New York: H. Holt

Soddy, F. (1913). *The Radio-elements and the Periodic Law.* Chemical News 107, 97-9 in https://web.lemoyne.edu/~giunta/soddycn.html (letzter Abruf: 30.08.21)

Soddy, F. (1920). *Science and Life: Aberdeen Addresses*. London: J. Murray

Soddy, F. (1922). *Cartesian Economics, The Bearing of Physical Science upon State Stewardship. Two Lectures to the Student Unions of Birkbec College and The London School of Economics*. London: Hendersons

Soddy, F. (1930). *Unemployment and Hope*. Nature, 125, 346.

Soddy, F. (1931). *Money versus Man - A Statement of the World Problem from the Standpoint of the New Economics*. London: Elkin Mathews and Marrot

Soddy, F. (1933). *Wealth, Virtual Wealth and Debt*. 2nd ed. (online verfügbar hier: https://www.fadedpage.com/books/20140873/html.php)

Soddy, F. (1934). *The Role of Money*. London: Routlege.

Soddy, F. (1935). Foreword in *The Frustration of Science*, ed. David Hall, 7–9. New York: Arno Press.

Soddy, F. (1938). *Social relations of science*, Nature, 141, 784–5.

Soddy, F. (1945). *The Atomic Era. The Week of Destiny, August 5-11 in the 45th year of the Tomic Era*. London: Argus Press

Söllner, F. (1996). *Thermodynamik und Umwetlökonomie*. Umwelt und Ökonomie; Bd. 17 Heidelberg: Physica

Söllner, F. (1998). *Konflikt zwischen Geld und Natur?* Ökologisches Wirtschaften 6/1998, S.20-22

Söllner, F. (1999). *Aristoteles, Soddy und der Konflikt zwischen Geld und Natur*. Zeitschrift für Ökologie und Naturschutz, S.97-108

Sutton, M. (2006). *Transmutations and Isotopes*. Chemistry World: https://www.chemistryworld.com/features/transmutations-and-isotopes/3004868.article (letzter Abruf: 30.08.21)

Strub, E. (2005). *Soddy, Wells und die Atombombe*. Physik Journal Nr. 7 S.707-47, Weinheim: Wiley-VCH Verlag.

Trenn, T. J. (1979). *The Central Role of Energy in Soddy's Holistic and Critical Approach to Nuclear Science, Economics, and Social Responsibility*. The British Journal for the History of Science, 12(3), 261-276.

Trenn, T. J. (2018). *Frederick Soddy*. in Complete Dictionary of Scientific Biography. bei http://www.encyclopedia.com/people/science-and-technology/chemistry-biographies/frederick-soddy (letzter Abruf: 30.08.21)

Zweig, K. (1929). *Strukturwandlungen und Konjunkturschwingungen im englischen Außenhandel der Vorkriegszeit*. Weltwirtschaftliches Archiv, 30. Bd., 317-351

Teil 2

Kartesische Ökonomik

Cartesian Economics.

THE BEARING OF PHYSICAL SCIENCE UPON STATE STEWARDSHIP.

Two Lectures to the Student Unions of Birkbeck College and The London School of Economics, November 10th and 17th, 1921.*

By Frederick Soddy, M.A., F.R.S.

FIRST LECTURE.—Chairman, Sir Richard Gregory.

IT is my intention to try to bring the existing knowledge of the physical sciences to bear upon the question " How do men live ? " This question ought to be the first the economist should try to answer. I am by no means the first to essay this task, but the modern economist seems to have forgotten that there is such a question, whilst the earlier ones lived at a stage of the development of scientific knowledge when no exact answer was forthcoming.

My own point of departure could not be better illustrated than by a quotation from Descartes, and the aspects I propose to examine might well be called " Cartesian Economics."

> " Starting from the forms of knowledge most useful to life, instead of from that speculative philosophy taught in our schools, and knowing the force and processes of fire, the air, the stars and all the other bodies which surround us as distinctly as we know the different occupations of our own workmen, we shall be able to employ them in the same fashion and so render ourselves as the masters and possessors of nature and contribute to the perfection of the human life."

---

* These lectures owe much to a long controversial correspondence carried on with Dr. H. Lyster Jameson, whose sad death is just reported in the papers. Dr. Jameson upheld the neo-Marxian or proletarian view in economics and the determinist or, as I style it, the " ultra-materialistic," philosophy, and from the controversy my own views gained in definiteness and clearness.

March 3rd, 1922. F. S.

A.d.Ü.: Zur besseren Orientierung wurden Absätze und Zwischenüberschriften eingefügt.

Kartesische Ökonomik

DER EINFLUSS DER NATURWISSENSCHAFT AUF DIE STAATLICHE VERWALTUNG

Zwei Vorlesungen vor den Studentenverbindungen des Birkbeck College und der London School of Economics, 10. und 17. November 1921.*

von Frederick Soddy, M.A., F.R.S

Erstveröffentlichung: Mai 1922
Nachdruck: Oktober 1922, März 1924
Übersetzung: Philipp Kapp, November 2019

---

* Diese Vorträge verdanken viel einem langen streitbaren Austausch mit Dr. H. Lyster Jameson, von dessen bedauerlichem Tod gerade in den Zeitungen berichtet wird. Dr. Jameson hielt an der neomarxistischen oder proletarischen Sichtweise auf die Ökonomie und der deterministischen oder, wie ich es ausdrücke, der „ultra-materialistischen" Philosophie fest, und aus dieser Kontroverse gewannen meine eigenen Ansichten an Klarheit und Bestimmtheit.

3. März 1922. F. S.

Erste Vorlesung: London School of Economics – Vorsitzender: Sir Richard Gregory

Ich beabsichtige, den Versuch zu unternehmen, das derzeitige naturwissenschaftliche Wissen auf die Frage »*Wovon leben Menschen?*« anzuwenden. Diese Frage sollte die erste sein, die der Ökonom zu beantworten versuchen sollte. Ich bin keineswegs der Erste, der sich dieser Aufgabe annimmt, jedoch scheint der moderne Ökonom vergessen zu haben, dass es eine solche Frage gibt, während die früheren in einem Stadium der Entwicklung der wissenschaftlichen Erkenntnisse lebten, in dem keine genaue Antwort zu erwarten war.

Mein eigener Ausgangspunkt und die Aspekte, die ich untersuchen möchte, könnten durchaus als „Kartesische Ökonomik" bezeichnet und nicht besser veranschaulicht werden, als durch ein Zitat von Descartes:

»*Ausgehend von den Formen des Wissens, die dem Leben am nützlichsten sind, statt jener spekulativen Philosophie, die an unseren Schulen gelehrt wird, und mit dem Wissen um die Kraft und die Prozesse des Feuers, der Luft, der Sterne und aller anderen Körper, die uns so deutlich umgeben, wie wir die verschiedenen Berufe unserer eigenen Arbeitskräfte kennen, werden wir diese auf ebensolche Weise einsetzen können, dass wir als Herren und Eigentümer der Natur zur Verbesserung des menschlichen Lebens beitragen.*«[I]

Die enormen Fortschritte welche in der Beherrschung der Natur durch den Menschen gemacht werden und deren geringer Beitrag zur Vervollkommnung des menschlichen Lebens sind ein Gegensatz, der nur durch eine solche Untersuchung wie die, die ich vorschlage, erklärt werden kann. Aber ich möchte meinen Ansatz in einer gewohnteren Sprachform als der von Descartes anhand einer Geschichte veranschaulichen.

[I] A.d.Ü.: Zitiert aus René Descartes (1596–1650). Discourse on the Method of Rightly Conducting the Reason and Seeking the Truth in the Sciences. (Zitat aus Teil VI, 2. Absatz) als Quelle verfügbar z. B. bei: https://www.marxists.org/reference/archive/descartes/1635/discourse-method.htm

Wer erbringt die Leistung?

Ein erfahrener Organist, der von seinem Publikum begeisterten Applaus erhielt, war erstaunt und verärgert, als der Kalkant nach vorne trat und zu ihm sprach: »*Oh ja, wir haben dieses Stück sehr gut gespielt!*« Dieser Orgelbub, nicht weiter zu Höchstleistungen ermutigt, steigerte im nächsten Stück die göttliche Musik majestätisch zu ihrem Höhepunkt und ließ dann alles in einem traurigen Klagelaut ausgehen, während er sein Köpfchen aus dem Windwerk steckte und bemerkte: »*Nun denn! Sind* WIR *es nicht doch?*«

Dass seit dieser Begebenheit die menschliche Arbeit, auf die sich der Organist verlassen hat, vollständig durch elektrische Energie ersetzt wurde, ist ebenfalls nicht ohne Bedeutung. Die Energie, mehr als irgendein beschreibendes Adjektiv – sei es menschlich, mechanisch oder elektrisch – ist der Ausgangspunkt der Kartesischen Ökonomie.

Auf die Gefahr hin mich zu wiederholen, möchte ich Ihnen veranschaulichen, was ich mit der Frage »*Wovon leben Menschen?*« meine, indem ich frage, was einen Eisenbahnzug antreibt. In dem einen oder anderen Sinne kann die Anerkennung für die Verwirklichung beansprucht werden vom Lokführer, dem Schaffner, dem Stellwärter, dem Manager, dem Kapitalisten oder dem Anteilseigner – oder wiederum von den wissenschaftlichen Pionieren, die die Natur des Feuers entdeckten, von den Erfindern, die es nutzten, von der Arbeiterklasse, welche die Eisenbahn und den Zug baute. Tatsächlich könnten sie alle trotz ihrer gemeinsamen Bemühungen nicht den Zug bewegen.

Die Sonne als Urquelle der Energie

Der eigentliche Lokomotivführer ist die Kohle. Die Antwort auf die Frage, wovon die Menschen leben oder wie irgendetwas lebt oder wie die unbelebte Natur lebt, in dem Sinne, in dem wir vom Leben eines Wasserfalls oder von jeder anderen Manifestation dauerhafter Lebhaftigkeit sprechen, lautet also nach heutigem Stand der

Wissenschaft, mit wenigen und unwichtigen Ausnahmen: „*Durch den Sonnenschein*“.

Schalte die Sonne aus, und die Welt würde leblos werden, nicht nur im Sinne der belebten Natur, sondern auch im Hinblick auf den weitaus größten Teil der Existenz der unbelebten Natur. Die Vulkane könnten, wie jetzt, gelegentlich ausbrechen, die Gezeiten würden auf einem ansonsten stagnierenden Ozean ebben und fluten und das neu entdeckte Phänomen der Radioaktivität würde fortbestehen. Aber es ist der Sonnenschein, der nicht nur die Kraft der Winde und des Wassers, sondern auch aller bisher bekannten Lebensformen liefert. Ausgangspunkt der Kartesischen Ökonomik sind daher die bekannten Gesetze zur Erhaltung und Umwandlung von Energie, die meist als das Erste und Zweite Gesetz der Thermodynamik bezeichnet werden.

Mechanisch-Biologisch-Mental

Aber bevor wir uns auf diese Suche begeben, schreiten wir zum anderen Extrem und versuchen dabei, ein einheitliches gedankliches Bild des gesamten Wissens und der Wechselbeziehung der Wissenschaften zu erhalten, wenn auch nur, um zwei Fehler zu entkräften, die meiner Meinung nach in der Philosophie eher karikiert als durch die Begriffe „mechanistisch“ und „vitalistisch“ beschrieben werden.

In jeder Klassifikation der Wissenschaften ist es üblich, drei große Abteilungen zu unterscheiden: (1) die Mechanische, Physikalisch-Chemische und Mathematische; (2) die Biologische; und (3) die Mentale – welche kettenartig miteinander verbunden sind.

In der gleichen Reihenfolge wie oben genannt, zwei Endglieder und ein Mittelglied – und letzteres, der große Bereich des tierischen und pflanzlichen Lebens, allein in direkter Beziehung zu den beiden Enden. Ohne vielleicht mehr als eine quantitative Auffassung davon, dass die in der Liste aufgeführten Subjekte in der Reihenfolge ihrer Verwandtschaft stehen, kann man das erste Glied der Kette als beginnend mit den gegenwärtigen absoluten Realitäten der Physik betrachten – Elektrizität, Energie, Äther und Materie in zunehmender Komplexität vom Element bis zum komplexen Kolloid, ausgelöst durch die lebhafteste Brownsche Bewegung unter dem Mikroskop, und trotzdem nicht lebendig. Das zweite Glied beginnt mit der einfachsten einzelligen Lebensform und erstreckt sich in immer größerer Komplexität von der Amöbe bis zum Menschen. Das Dritte beginnt mit rudimentären Formen instinktiven Verhaltens, welche eng mit Reaktionen verbunden sind, die durch rein physische Reize in einfachen Kreaturen erzeugt werden, über den freien Willen und die bewusste Wahl des Handelns zur Sicherung vorgegebener Ziele, bis hin zur menschlichen Vernunft und den höchsten intellektuellen, ästhetischen, ethischen, moralischen und spirituellen Wahrnehmungen der Menschheit.

Ökonomie als Mittelpunkt

Meine eigene Philosophie kann durch eine Zeile von Kipling ausgedrückt werden: »*Ost ist Ost und West ist West und nie werden sich die beiden treffen.*«

Es ist sicher, dass in eintausend Jahren, wenn die Zivilisation so lange besteht, Menschen noch immer die grundlegende Realität der physischen Welt untersuchen werden, weit über die Welt der Atome und der Energie hinaus, die ihre derzeitige Grenze markiert. Ebenso können wir annehmen, dass sie in der psychologischen Forschung und in der spirituellen Wahrnehmung gegenüber unserer Zeit weit fortgeschritten sein werden. In jeder Richtung erstrecken sich die Möglichkeiten des weiteren Wissens endlos, aber in jeder Richtung diametral weg von und nicht hin zu den Fragen des Lebens.

In diesem Mittelfeld liegt die Ökonomie, unbeeinflusst, sei es von der ultimativen Philosophie des Elektrons oder der Seele, und eher befasst mit der Wechselwirkung der mittleren Lebenswelt dieser beiden Endwelten der Physik und des Geistes in ihren gemeinsamen Alltagsaspekten. Materie und Energie einerseits, indem sie den Gesetzen der mathematischen Wahrscheinlichkeit oder des

Zufalls, wie sie im unbelebten Universum dargestellt werden, gehorcht, und andererseits mit der Führung, Richtung und Neigung dieser blinden Kräfte und Prozesse zu vorbestimmten Zwecken.

Der Physiker behauptet, dass seine Welt aus Materie und Energie als eine vom Leben unabhängige Realität existiert, und weist auf die Erhaltungsgesetze hin, um zu zeigen, dass diese ewig währen, ohne Anfang und ohne Ende, und auf die Geschichte der Gesteine, um zu zeigen, dass es das Leben ist, das begann, und nicht das Universum der Natur.

Der Theologe und religiöse Philosoph beansprucht unter dem Namen der Gottheit die unabhängige und ewige Existenz der Eigenschaften von Lenkung, Willen und Ausrichtung außerhalb des Lebens und weist darauf hin, dass dies die aufsteigende Skala der Evolution und das Erscheinen von Wahrnehmungen über der Ebene der Tiere hinaus erklärt.

Ich habe keinen Anspruch auf oder eine Berufung zu einer Stellungnahme über die Realität der Existenz einer Intelligenz getrennt vom Leben und außerhalb des Lebens. Aber, dass das Leben der Ausdruck des Zusammenspiels von zwei völlig unterschiedlichen Dingen ist, die durch die Wahrscheinlichkeit und den freien Willen repräsentiert werden, ist für mich selbstverständlich, obwohl die endgültige Natur dieser beiden verschiedenen Dinge wahrscheinlich auch in tausend Jahren so weit entfernt wie nie zuvor bleiben wird.

Es ist jetzt einfach, aufzuzeigen, was – meiner Meinung nach – die beiden Fehler sind, welche den Fortschritt behindern. Beide sind monistische Obsessionen, die auf den Verstand in seinem angeborenen Wunsch zurückzuführen sind, alles auf einfache Begriffe zu beschränken, um dann zu versuchen, wiederum alles auf *einen* einfachsten Begriff zu reduzieren. Der erste Fehler verbindet die beiden Enden der Kette, die in diametral entgegengesetzte Richtungen verlaufen, zu einem großen Kreis und vermengt so die erhabenen Konzepte der mentalen Welt unauflösbar mit den physischen. Die orientalischen Philosophien und Religionen scheinen freier von den gröberen Formen dieser Verwirrung gewesen zu sein, als unsere eigenen.

In den frühen Formen erhielten die Gottheiten physische Kräfte analog zu denen von Trinitrotoluol, wie zum Beispiel den Hammer Thors und den Blitzschlag Jupiters. Die Vorstellung ist, dass das physische Universum, wie das Leben, einen Anfang gehabt haben muss und daher der Schöpfer noch immer fortbesteht. Der Himmel ist für den einfachen Menschen zugleich der Wohnsitz entleibter Seelen und der Sternbilder, die ihre Evolution mit einer solchen mathematischen Genauigkeit durchführen, dass Ereignisse darin im Voraus genau vorhergesagt werden können. Die jüngste Phase stellt die theosophistische Erforschung der inneren Struktur des Atoms durch okkulte Kräfte dar und der verbreitete Glaube, dass die Entdeckung der drahtlosen Telegrafie die Realität der Telepathie stark unterstützt.

Ultramaterialismus

Der zweite Fehler ist vielleicht häufiger im Bereich der Wirtschaft. Es kann als „Ultra-Materialismus“[II] bezeichnet werden und ist der Versuch, das gesamte Phänomen des Lebens durch kontinuierliche Evolution aus der unbelebten Welt abzuleiten. Wir beginnen mit einem Nebel aus Urmaterial, der sich zu immer komplexeren Formen verdichtet, zuerst zu den leichten und dann zu den schweren Elementen, dann zu chemischen Verbindungen bis hin zum komplexen Kolloid. Durch eine Fortsetzung der gleichen Prozesse entsteht eine solche Komplexität, dass sie sich ständig zersetzt und sich fortwährend regeneriert. Die unbelebten Moleküle werden lebendig und das Leben durchläuft dann seinen Evolutionsverlauf bis hin zum Menschen.

[II] A.d.Ü.: Wie in der Fußzeile des Titelblattes genannt, hatte Frederick Soddy schon längere Zeit eine Korrespondenz mit dem Zoologen und Marxisten Henry Lyster Jameson gehalten, der 47-jährig im Februar 1922 an Tuberkulose gestorben war.

Das mag einen Biologen zufrieden stellen, aber es kann mich als Chemiker nicht zufrieden stellen. Ich kann mir keinen unbelebten Mechanismus vorstellen, der sich auf dem Boden der Gesetze der Wahrscheinlichkeit und aus einer Reihe von aufeinanderfolgenden Schritten hin zu einer Entscheidungs- und Fortpflanzungsfähigkeit entwickelt, ebenso wenig wie ich mir vorstellen kann, dass die Komplexität eines Motors zunimmt, woraus die Erzeugung des „Kraftfahrers" und die Fähigkeit seiner Selbstreproduktion resultiert. Mir wird erwidert werden, dies sei eine päpstliche Äußerung persönlicher Meinung. Bedauerlicherweise ist jedoch der unbelebte Mechanismus – für dieses Diskussionsthema – eher mein Spezialgebiet, als dasjenige des Biologen.

Es ist das unveränderliche Merkmal aller flachen und überheblichen Philosophie, die Erklärung unlöslicher Probleme in einem anderen Bereich zu suchen, als dem, den der Philosoph aus erster Hand kennt. Der Biologe kennt den animierten Mechanismus aus erster Hand und sucht dessen Ursprung in der Kolloidchemie. Die Hypothese wird nicht so sehr vom Biologen, sondern vielmehr vom Chemiker überprüft werden. Der Unterschied zwischen toter und lebender Materie ist in meinen Augen den Niagarafällen vor dreißig Jahren und heute sehr ähnlich, und ist nicht durch die Gesetze zu erklären, denen Niagara früher gehorchte, durch die Gesetze der reinen Wahrscheinlichkeit, sondern durch ihr Gegenteil, die Operation der Intelligenz, wie sie in ihrer rudimentärsten Form durch die Vorstellung von Maxwell mit seinem „Sortierdämon"[III] verkörpert wird.

Das Leben, oder der animierte Mechanismus, ist für mich im Wesentlichen ein Dualismus, und jeder Versuch, sich einem der beiden

[III] A.d.Ü.: Soddy spricht hier von der Nutzung der potentiellen Energie der Wasserfälle in Form eines Kraftwerkes zur Stromerzeugung. Diese Nutzbarmachung der Energie kommt durch intelligentes Handeln zustande. James Clerk Maxwell (1831–1879) war ein schottischer Physiker. Er entwickelte die Maxwellschen Gleichungen, welche die Grundlage der Elektrodynamik bildeten. Ebenso postulierte er 1864 die Existenz elektromagnetischer Wellen, die Heinrich Hertz 1886 erstmals erzeugen und nachweisen konnte. Maxwells *Sortier-Dämon* ist ein 1871 veröffentlichtes Gedankenexperiment, mit dem er den zweiten Hauptsatz der Thermodynamik infrage stellte. Bis heute inspiriert der *Maxwellsche Dämon* die theoretische Physik und die Kunst, siehe auch https://zapatopi.net/kelvin/papers/the_sorting_demon_of_maxwell.html

Partner unterzuordnen, ist fatal. Aber der Ökonom ist besonders anfällig, Naturgesetze mit den Gesetzmäßigkeiten der menschlichen Natur zu verwechseln und diesen Komplex von thermodynamischen und sozialen Phänomenen mit dem Begriff „unerbittliches ökonomisches Recht" zu würdigen.

Ist es verwunderlich, dass solche groben Verwechslungen, solche Triumphe mentaler Instinkte über Vernunft, Erfahrung und gesunden Menschenverstand zu einer allgemeinen Sterilität des konstruktiven Denkens geführt haben? Ich kann das nicht besser veranschaulichen, als Stephen Leacock in seiner ernsthaftesten Stimmung zu zitieren, und sollte der Einwand erhoben werden, dass er ein Humorist ist, so kann ich nur erwidern, dass er ein Professor für Wirtschaftswissenschaften ist. Es ist vielmehr das Bekenntnis dieser Verbindung, das ungewöhnlich ist.

»Unsere Studien bestehen nur aus dem langwierigen Beweis der Sinnlosigkeit unserer Wissenssuche, die durch Aufdeckung der Fehler der Vergangenheit erfolgt. Philosophie ist die Wissenschaft, die beweist, dass wir nichts von der Seele wissen können. Die Medizin ist die Wissenschaft, die uns sagt, dass wir nichts über den Körper wissen. Die politische Ökonomie lehrt uns, dass wir nichts über die Gesetze des Wohlstands wissen, und die Theologie ist die kritische Überlieferung jener Fehler, aus denen wir unsere Unwissenheit über Gott ableiten. Indem ich hier sitze und meine Hände, so gut ich kann, an dem kleinen Gluthaufen, der heute die politische Ökonomie ist, erwärme, kann ich ihr sterbliches Schimmern nur mit der eitel glorreichen und triumphalen Wissenschaft vergleichen, die sie einst war.«

Dagegen würde ich die paradoxen Worte von Poincaré setzen, in denen die Lehre von der mathematischen Wahrscheinlichkeit diskutiert wird, welche die unbelebte Welt dominieren.

»Sie möchten, dass ich Ihnen etwas über diese komplexen Phänomene erzähle. Sollte ich durch ein Missgeschick zufällig die Gesetze erfahren, die diese regeln, müsste ich doch hilflos sein. Ich würde mich in endlosen Berechnungen verlieren und könnte Ihnen

nie eine Antwort auf Ihre Fragen geben. Glücklicherweise für uns beide bin ich in dieser Angelegenheit völlig unwissend. Deshalb kann ich Ihnen sofort eine Antwort geben. Dies mag seltsam erscheinen. Aber es gibt noch etwas Seltsameres, nämlich, dass meine Antwort richtig sein wird.«

Es ist vielleicht ein Glücksfall, dass wir nichts über die endgültige Natur der Grundlagen der physischen oder mentalen Welt wissen. Wir haben beide so weit verfolgt, um zu wissen, dass beide gleichermaßen von den Fragen des Lebens weg und nicht zur Lösung hin führen. Die sublimierten theoretischen Konzepte haben in beiden Fällen längst keine Aktualität mehr. Wir müssen vielmehr das Zusammenspiel zwischen ihren häufigsten Formen finden: Materie und Energie auf der einen Seite und Willen und Ziel auf der anderen Seite.

Thermodynamik

Verlassen wir nun diese Allgemeinplätze und konzentrieren wir uns auf die Frage, was genau die gewöhnliche mechanische Wissenschaft zur Ökonomie beitragen kann. Sie betont in erster Linie die Tatsache, dass das Leben seine gesamte physische Energie oder Kraft nicht von etwas bezieht, das in der lebenden Materie in sich eingeschlossen ist, und noch weniger von einer äußeren Gottheit, sondern ausschließlich aus der unbelebten Welt. Dabei ist sie mit allen Erfordernissen ihres physischen Fortbestands in erster Linie von den Prinzipien der Dampfmaschine abhängig.

Die Grundsätze und Prinzipien menschlicher Gesetzgebung und Konventionen dürfen denen der Thermodynamik nicht zuwiderlaufen. Für den Menschen – nicht anders als bei jeder anderen Form von Wärmekraftmaschine – sind die physischen Probleme des Lebens Energieprobleme. Man muss die Quelle, den Sonnenschein, berücksichtigen. Sie liefert einen kontinuierlichen Energieertrag, der vom lebenden Triebwerk in seinem Lebenslauf *konsumiert* wird.

Konsum bedeutet hier nicht Zerstörung, denn Zerstörung – wie auch Schöpfung – ist in der Welt, von der wir sprechen, eine

Absurdität und lediglich das Untauglichmachen für eine weitere Verwendung. Die gesamte von der Sonne empfangene Strahlungsenergie findet früher oder später ihren Weg in die große Energiesenke, das Meer der Wärmeenergie mit gleichbleibender Temperatur zur Umgebung, und ist zu keiner weiteren Umwandlung fähig. Das ist die Form, von der wir am meisten wissen. Es ist die Energie der ständigen thermischen Bewegung der Moleküle, von denen Poincaré sprach, und von denen wir nichts wissen (von der Bewegung eines einzelnen Moleküls) und doch alles wissen (von der Statistik der Bewegung als Ganzes). Und sie ist nutzlos.

Als nächstes müssen wir die Energieumwandlung betrachten, jener Form, in welcher die Natur die Energie liefert, in eine Form, die der Mensch nutzen und assimilieren kann. Im Allgemeinen kann die Energieumwandlung nur in eine Richtung erfolgen, so wie Wasser nur bergab fließt. Das Wasser kann auf diesem Wege nützliche Arbeit an einem Wasserrad verrichten, oder auch nicht und den Meeresspiegel ganz ungenutzt erreichen. So kann auch die Sonneneinstrahlung, die letztendlich die gesamte Masse der Erde unmerklich erwärmt, einen Menschen *auf dem Weg dorthin* mit Energie versorgen, oder, wiederum, dies nicht tun.

Was den Nutzen betrifft, muss man in der Kartesischen Ökonomik sehr sorgfältig zwischen zwei Anwendungen unterscheiden. Erstens gibt es die grundlegende metabolische Verwertung im Körper für den Lebensprozess, die ich kurzgefasst als *Lebensgebrauch* bezeichnen werde. Zweitens gibt es eine Nutzung anstelle der ersten für die Verrichtung von externer Leistung oder Arbeitskraft, die besser direkt durch unbelebte Energie erfolgt. Das werde ich als den *Arbeitsgebrauch* bezeichnen.

Physikalisch betrachtet, ist die Lebensfrage die Umkehrung des Aufziehens einer Uhr. Bevor ein Mensch die Lebendigkeit und Bewegung seines Körpers auf einen Mechanismus wie ein Uhrwerk übertragen kann, muss ihm zunächst vom Mechanismus der Natur eine Anregung übertragen werden. Die Geschichte könnte unter dem Gesichtspunkt, wie dies geschehen ist, neu geschrieben werden.

Zuerst geschah dies blind und intuitiv durch Versuch und Irrtum, das Überleben der Tauglichsten und die extravagant verschwenderischen Methoden, die sich nur das unüberwindliche Aufblühen des Lebens leisten kann. Schon jetzt ist der Prozess so indirekt, da er nur durch die Wirkung des pflanzlichen Lebens zustande kommt, dass nur Wenige die Bedingungen, unter denen sie existieren, erkennen oder die überragende Bedeutung der ursprünglichen Energiequellen und -mengen verstehen.

Aber der Arbeitsgebrauch der Naturenergie war seit jeher eine Frage der bewusst gelenkten Anstrengung und Entwicklung, seit der Nutzung des Windes in der Seefahrt, und ging der Formulierung der Prinzipien der Energetik weit voraus. Der abrupte Bruch in der Kontinuität der Geschichte, den das Zeitalter des Dampfes markierte, ist jedoch in keinem Fall auf diese Entwicklungen zurückzuführen. Darin liegt der Schlüssel. Der Mensch vor dem 19. Jahrhundert lebte von den Einkünften. Der heutige Mensch steigert den Ertrag innerhalb bestimmter klar definierter Grenzen aus dem Kapital.

Kohle als Kredit

Alle Formen der bisher vom Leben genutzten Energie, mit ein oder zwei kleinen Ausnahmen, wie Gezeitenenergie und diejenigen von heißen Quellen, waren Formen des solaren Einkommens. Windkraft, Wasserkraft und Holzbrennstoffe sind Teil des jährlichen Umsatzes von Sonnenlicht, nicht weniger als Getreide und anderes Tierfutter. Aber als die Kohle zum König wurde, kam das Sonnenlicht von vor hundert Millionen Jahren zu dem von heute hinzu und daraus wurde eine Zivilisation aufgebaut, wie sie die Welt noch nie gesehen hatte.

Die fundamentale Tatsache, die dieser Zivilisation zugrunde liegt, ist, dass die Menschen zwar ihre äußeren Arbeiten unter Zuhilfenahme der mit Treibstoff gespeisten Maschinen erleichtern können, aber ihre inneren Feuer nur mit neuem Sonnenschein und dann auch nur durch die guten Dienste der Pflanze nähren können. Nur die

Pflanzenwelt allein kann den ursprünglichen Fluss der unbelebten Energie in Lebensenergie umwandeln. Das Tier ist bisher nicht in der Lage, diese Transformation zu vollziehen.

Lebensnutzen und Arbeitsnutzen

Die technischen Eigenheiten dieses Themas sind nicht ohne Bedeutung. Unabhängig vom Ursprung der Energie muss der vorletzte Zustand immer ihre Speicherung durch die Pflanze sein, die der Verwendung durch Tiere als Nahrung vorausgeht. Es ist möglich, die Energie eines Wasserfalls zu nutzen und mittels elektrochemischer Verfahren in verschiedenen chemischen Verbindungen zu speichern und in dieser Form als Dünger an die Pflanze zu bringen. Es werden so vermehrt Nutzpflanzen produziert, die eine wachsende Bevölkerung versorgen.

Die Umkehrung des Uhren-Aufziehens wurde bewusst erreicht. Das Fallgewicht von Niagaras Wasser arbeitet für den Menschen. Es gibt keinen technischen Einwand dagegen, die Energie der Kohle auf die gleiche Weise zu nutzen, außer den Vorleistungskosten. Aber für praktische Zwecke ist es zutreffend, dass der große Kapitalvorrat oder die Energie im Brennstoff noch nicht für den Lebensgebrauch eingesetzt wird, sondern nur in erster Linie für den Arbeitsnutzen durch das Leben. Der Lebensgebrauch erfordert die Vermittlung der Pflanze, und obwohl Kohle einst lebendig war, ist diese längst tot. Die mühsame und verlustreiche Arbeit durch Viehzucht und Landwirtschaft muss wieder und wieder durchlaufen werden.

Trotz der bemerkenswerten Fortschritte des vergangenen Jahrhunderts bilden die Agrar-, Bauern- und Landarbeiter die vorherrschende ökonomische Klasse und werden es auch bleiben, bis sie durch eine neue Entdeckung der Wissenschaft abgelöst werden. Dies ist meiner Meinung nach, eine der am wenigsten offensichtlichen und doch grundlegendsten Fakten der Wirtschafts- und Sozialwissenschaften in der heutigen Zeit.

Dies wurde von den Ökonomen, insbesondere in diesem Land, sicherlich nicht ausreichend erkannt. In der überbordenden Phase der Nutzung des Hauptenergiereservoirs in Brennstoffen, die nun abgeschlossen ist, zumindest was dieses Land betrifft, konnten und haben wir durch Maschinenfabrikation fast jede Art von Ware und alle Arten von arbeitssparenden Maschinen herstellen können im Austausch gegen Lebensmittel, die wir nicht herstellen konnten und auch nicht produzierten. Die Bevölkerung Großbritanniens steigerte sich durch den Austausch bloßer Einnahmen hin zu Kapitalerträgen und von reinen Lebensmitteln hin zu Fabrikprodukten von 10,5 Millionen im Jahr 1801 auf 40,9 Millionen im Jahr 1911. Während in Irland, das keine Kohle besitzt, die Bevölkerung im gleichen Zeitraum von 5 auf 4,3 Millionen sank. Die Kartesische Ökonomik ist in der Lage, die Ursache des irischen Problems sofort zu diagnostizieren, wie Sir Leo Chiozza Money[IV] dargelegt hat.

Durch diesen Prozess des Austauschs in Fabrikprodukte zog die ganze Welt allmählich mehr und mehr ihren Arbeitsnutzen aus der Kapitalenergie des Brennstoffs, nutzte diesen, um die Anbaufläche zu erweitern und die Ernten aus den entferntesten Regionen der Welt zu transportieren und so *indirekt* das Sonneneinkommen zu erhöhen, von dem sie immer noch vollständig für ihre Lebensweise abhängig ist.

Aber dies ist eine sehr kurzlebige Phase. Neue Länder werden alt. Ihre Bevölkerung wächst tendenziell bis zur Grenze ihrer Nahrungsversorgung, und ihre Industrien und Produktionsstätten werden mit Hilfe ihrer eigenen Ressourcen aufgebaut. Aus einem doppelten Grund ist daher die extravagante Zeit des Wohlstands, die Großbritannien durchlebt hat, von kurzer Dauer. Der „Imperialismus" macht sein letztes Überlebensangebot.

[IV] A.d.Ü.: Sir Leo George Chiozza Money (1870–1944) war ein in Italien geborener Ökonom, der sich als Politiker, Journalist und Autor in England profilierte.

Grundlagen des Kapitalismus

Kohle ist das eigentliche Kapital, aus dessen Verbrauch die kapitalistische Zivilisation aufgebaut wurde, aber was die Lebensgrundlagen der angeschwollenen Bevölkerung betrifft, die mit der Ausbeutung einherging, so war ihr Nutzen in dieser Hinsicht indirekt und wird schwinden. Das ist das große Paradoxon des Kapitalismus. Er ist kapitalistisch in Bezug auf die Ausstattung, den Komfort und den Luxus der Existenz. Was seine Notwendigkeiten betrifft, so ist er immer noch, um ein Wort zu prägen, ertragsbasiert. Sogar Adam Smith konnte sagen: »*Wenn Nahrung bereitgestellt wird, ist es einfach, die notwendige Kleidung und Unterkunft zu finden.*«

Heute, durch die Entwicklung der mechanischen Kraft, ist es viel einfacher als damals. Aber sobald diese alles getan hat, um neue Länder zu entwickeln und die Nahrungsmittelversorgung zu steigern, kann sie die Nachfrage nach Brot nur noch durch die Lieferung eines Steins decken. Zwar kann durch die Fortschritte der chemischen und biologischen Wissenschaft, durch die Entwicklung der landwirtschaftlichen Chemie und die Züchtung besserer Getreidesorten viel getan werden, aber kaum so viel, wie es die Bedingungen für eine vier- oder fünffache Zunahme der Bevölkerung vorsehen.

Die Industrieländer produzieren mit einer Begeisterung die an ein Irrenhaus erinnert eine immer größer werdende Fülle einfacher Fabrikprodukte und schicken sie hinaus, um auf immer weiter schrumpfenden Märkten im Austausch für Lebensmittel zu konkurrieren, und sie gießen einen immer größer werdenden Strom von Waffen aus, um untereinander um Märkte zu kämpfen. Das einzige Ziel in Sichtweite ist Krieg und immer wieder Krieg, das Zersprengen der Fülle und die permanente Dezimierung des Bestands der weißen Rasse, gerade in einer Zeit, in der sich aufgrund mangelnder Fruchtbarkeit die Aussicht abzeichnet, dass diese um etwas anderes als Marktbedingungen kämpfen muss.

Die Physik beantwortet also genau, und zwar meiner Meinung nach zum ersten Mal, *das* Problem der politischen Ökonomie, oder, wie ein marxistischer Verfasser es formuliert: »*Was sind die Quellen des Wohlstands unserer Gesellschaft, d. h. die Existenzgrundlage und das Wohlergehen der Individuen, die sie zusammensetzen?*«

Die Existenzgrundlage wird aus dem täglichen Ertrag der Sonnenenergie durch den Ackerbaubetrieb geschaffen. Die Lebensgüter, wie Kleidung, Häuser und Treibstoff sowie das Wohlergehen und der Luxus werden zu einem großen Teil durch Steigerung dieser Erträge aus einem Kapitalstock an Energie gewonnen, der aus vergangenen geologischen Zeiträumen stammt. Das Leben hängt von einem kontinuierlichen Energiefluss von Augenblick zu Augenblick ab, und damit nimmt das Vermögen, als die ermöglichende Voraussetzung des Lebens, den Charakter eines Flusses an und weniger eines Speichers.[V]

Vermögensfragen

Diese Antwort, die zwar für die Sozialwissenschaft und die politische Philosophie von grundlegender Bedeutung ist, findet auf die gegenwärtigen Wirtschaftssysteme wenig Anwendung, da sie auf einer

---

[V] Hätte Karl Marx nach anstatt vor der Etablierung der modernen Energiedoktrin gelebt, hätte sein scharfer und gebildeter Geist ohne Zweifel deren Bedeutung für die Sozialwissenschaften leicht erkannt. So wie die Dinge standen, muss aus Fairness ihm gegenüber gesagt werden, dass sein Anliegen nicht darin bestand, die wahre Natur des Vermögens zu lösen, sondern er sich ganz auf das Problem dessen monetären Äquivalents konzentriert hat, d. h. eher auf den *Tauschwert* als auf den *Nutzwert*.

Damit ich nicht missverstanden werde, darf ich hier betonen, dass ich den Begriff *Energie* während dieser Vorträge im strengsten wissenschaftlichen Sinne für potentielle oder kinetische Energie verwende, wie sie vom Physiker und Ingenieur verstanden wird, und niemals im vagen und irreführenden Sinne von „mentaler Energie", die ich eher als die Führung und Richtung der physischen Energie bezeichnet habe. In diesem strikten Wortsinne kann nicht behauptet werden, dass Vermögen vollständig durch menschliche Arbeit entsteht, denn es gibt in der Naturwissenschaft keinen wirklichen Unterschied zwischen belebter und unbelebter Energie. Aber da Vermögen nicht lediglich verfügbare Energie ist, sondern verfügbare Energie, die sinnvoll gesteuert oder in irgendeiner Form verkörpert wird, ist die menschliche „Arbeit" (d. h. eine Form der intelligenten menschlichen Aktivität, die möglicherweise nur ein Minimum körperlicher Energie benötigt) in der Regel, wenn auch nicht unbedingt, ein wesentlicher Faktor für ihre Entstehung.

einfachen Verwirrung zwischen Vermögen und Schulden, oder, anders ausgedrückt, zwischen dem Vermögen der Gemeinschaft und dem Vermögen des einzelnen Mitglieds der Gemeinschaft beruhen.

Das Vermögen der Gemeinschaft liegt in ihrem Ertrag, der letztendlich ein Ertrag der für das Leben verfügbaren Energie ist. Indem sie in ausreichender Menge und Form gegeben wird, welche mit dem vorhandenen Wissen der jeweiligen Zeit genutzt werden kann, kann *alles*, was für das Leben der Gesellschaft notwendig ist, gewährleistet werden. Es ist unmöglich, diesen Fluss in nennenswertem Umfang zu sichern oder zu speichern. Wohl kann man einen Fluss mit großem Aufwand stauen und ein Sammelbecken bauen.

Aber selbst bei Nichtgebrauch verdunstet doch das angesammelte Wasser und tritt aus. Sie können unter den gleichen, aber noch ungünstigeren Bedingungen elektrische Energie speichern. Aber die Absicht, Vermögen auf nationaler Ebene auch nur einen Tag lang zu speichern, entspricht etwa dem Gedanken an eine Speicherbatterie, die groß genug ist, um den weltweiten Bedarf an elektrischer Energie für einen Tag zu decken. Zwar hat die Natur sie durch Prozesse, die geologische Zeiträume erfordern, in der Kohle gespeichert, aber was wir tun, ist eine einfachere Sache, nämlich sie auszubeuten und in einen Fluss umzuwandeln, bis dieser nur noch einen für uns geringsten Nutzen bringen kann.

Auch hier kann der Fluss für kurze Zeiträume in einer konkreten Ware, in verrottenden Lebensmitteln, in Häusern, die, wenn sie nicht ständig erhalten werden, in Verwahrlosung fallen, und in allen materiellen Gütern unserer Zivilisation, in Eisenbahnen, Straßen und öffentlichen Bauten, Fabriken, Hafenanlagen, Schifffahrt und dergleichen verkörpert sein. Alle sind gleichermaßen einem Vorgang gemeinsamer Abwertung unterworfen, wobei immer größere jährliche Ausgaben neuer Vermögenswerte erforderlich sind, um diese in Ordnung zu halten, und veralten selbst dann noch schnell mit jedem neuen Fortschritt der Wissenschaft. Solche angesammelten Vermögenswerte werden bestenfalls nicht als angesammeltes Vermögen, sondern als Hilfsmittel und Zubehör zur Erhaltung und Vermehrung des Vermögens aus dem verfügbaren Energieertrag klassifiziert. Das Vermögen ist der Ertrag, *und er kann nicht gespeichert werden.*

Das Vermögen eines Individuums hingegen ist etwas ganz anderes. Das gewöhnliche moderne Einzelmitglied der Gemeinschaft verfügt in den meisten Fällen nicht über ausreichend Vermögen, um ihn nur eine Woche am Leben zu erhalten. Mit Hilfe einer als Währung legalisierten Wertmarke, sei es eine Kaurimuschel oder ein Metallgegenstand, nun aber immer mehr als einfache Papiernote, erkennt die Gemeinschaft ihre Verschuldung gegenüber dem Inhaber der Wertmarke an und ermächtigt den Einzelnen, jederzeit die Erträge des durch die Märkte fließenden realen Vermögens zu beziehen.

Schon hier sehen wir die Interessen der Gemeinschaft im diametralen Gegensatz zu denen der einzelnen Mitglieder. Wie Ruskin es ausdrückt, ist es die Grundregel der gesamten Wirtschaft, dass das, was eine Person hat, eine andere Person nicht haben kann, und je mehr die Privatperson in der Lage ist, die Erträge einzuziehen, desto weniger bleibt für öffentliche Dienstleistungen und die Fortführung von Unternehmen, die darauf abzielen, die Erträge zum allgemeinen Nutzen und nicht zum privaten Gewinn zu steigern.

Das Anliegen des Wissenschaftlers ist der Ertrag und wie er für das Gemeinwohl gesteigert werden kann. Wenn und insofern sich die Nationalökonomie als Wissenschaft erweisen kann, sollte auch dies ihr oberstes Anliegen sein. Der Einzelne hingegen ist nur daran interessiert, einen größeren Teil der Erträge für seinen eigenen privaten Gebrauch zu erhalten. Soweit er dies nur tun kann, indem er die effektiven Erträge des Vermögens zum Nutzen und nicht zum Wucher steigert, wird die Gemeinschaft davon Gewinn ziehen. Ein sehr konkreter Einwand, den der Arbeitnehmer gegen das bestehende System hegt, besteht darin, dass es viel einfachere und lukrativere Möglichkeiten bietet, Geld zu verdienen, ohne zum allgemeinen Wohlstand beizutragen, und diesen bisweilen sogar tatsächlich zu zerstören, und zwar durch Personen, die über eine ausreichende

Macht verfügen, welche durch das Geld verliehen wird, um die Erträge für Wucher zu horten.

Ruskin scheint eine sehr viel klarere Vorstellung von der wahren Natur des Vermögens gehabt zu haben, als frühere oder nachfolgende Ökonomen. Er wies darauf hin – und seine Sichtweise würde nun von jedem verstanden werden, der unter dem Mangel an Bediensteten aufgrund des Krieges gelitten hat –, dass die Kunst, reich zu werden, darin bestand, *relativ* zu anderen Menschen mehr zu bekommen, sodass diejenigen mit weniger Einkommen als Bedienstete und Angestellte denjenigen mit mehr Einkommen zur Verfügung stehen können.

In dieser scharfsinnigen und originellen Analyse der wahren Natur des individuellen Reichtums – Macht über das Leben und die Leistung anderer – offenbarte Ruskin den wohl wichtigsten Unterschied zwischen den Interessen des Einzelnen und dem Interesse des Staates und den Hauptgrund, warum die Beherrschung des Menschen über die Natur bisher zu einem so dürftigen Beitrag zur Vollendung des menschlichen Lebens geführt hat. Aus diesem Grund ähnelt die Gesellschaft in ihrem Kampf mit der Natur einer Armee, die fast ausschließlich vom Feind befehligt wird. Von welchem Nutzen sind die Entdeckungen der Naturwissenschaftler für neue und geeignetere Lebensweisen, solange die Gesetze der menschlichen Natur all den schwer gewonnenen Wohlstand in eine gesteigerte Macht der wenigen über das Leben und die Arbeit der vielen verwandeln?

In anderer Hinsicht war Ruskin seiner eigenen, um nicht zu sagen unserer eigenen Zeit weit voraus. Er und Marx haben beide die Hauptstreitigkeit der heutigen Vertreter der Wirtschaft aus der Sicht des Urhebers und Produzenten von Vermögensgegenständen verstanden und nicht aus der Sicht des Finanziers oder Händlers. Der Wohlstand einer Gemeinschaft kann nur durch Produktion und Erfindung gesteigert werden, nicht durch Erwerb und Austausch. Im Handel und Tausch gibt es *„für jedes Plus ein genau gleiches Minus*“. Aber die Pluspunkte schwellen prächtig an und die Minuspunkte ziehen sich in Hinterhöfe oder unter die Erde zurück, *„was die Algebra der Wissenschaft seltsam macht.*“[VI]

Verschuldung und Vermögen

Das ist also mein Hauptkonflikt mit der orthodoxen Wirtschaftslehre, dass sie die Substanz mit den Schatten verwechselt. Sie verwechselt Schulden mit Vermögen und begeht den gleichen Fehler wie die alte Dame, die wegen Überziehung ihres Kontos ermahnt wurde und daher ihrem Bankier umgehend einen Scheck über den entsprechenden Betrag zusandte. Die Verwirrung zieht sich sogar durch den Versuch der früheren Ökonomen, den Hauptgegenstand ihrer Studien – das „Vermögen“ – zu beschreiben, obwohl der moderne Ökonom ein viel zu misstrauischer Vogel zu sein scheint, um genau das zu definieren. So stellen wir fest, dass Vermögen aus den förderlichen Lebensgrundlagen besteht, oder etwas, das ebenso eindeutig und zulässig ist, aber wenn es in unbegrenzter Fülle verfügbar wäre, wie Sonnenschein, Sauerstoff oder Wasser, dann kein Vermögen im wirtschaftlichen Sinne mehr ist, wenn auch ohne ein solches das Leben unmöglich sein müsste.

Nun ist es Gegenstand der Wissenschaft, die für ein menschenwürdiges Dasein notwendigen Voraussetzungen des Lebens, wie Nahrung, Wärme und andere Formen oder Verkörperungen von Energie, so reichlich zu schaffen, dass sie nicht mehr als Vermögen im Sinne des Ökonomen gelten werden. Weder kann man eine reelle Menge vermindern, indem man sie vermehrt, noch sie dadurch zerstören, dass man sie unbegrenzt erhöht. Das Ziel der Wissenschaft ist es, Vermögenswerte im Sinne des Verschuldungsbegriffs des Ökonomen vollständig zu vernichten, indem der reale Vermögenswert ohne Grenzen gesteigert wird.

Beim ersten Erröten und bevor sie Zeit zum Nachdenken hatten, werden mir die meisten jungen Wirtschaftsstudenten wahrscheinlich

[VI] Unto This Last, John Ruskin, 1877.

sagen, dass ich mit Worten spiele, indem ich das Wort Vermögen in zwei Richtungen verwende, die vom Ökonomen gleichermaßen gut verstanden werden. Tatsache ist, dass der Ökonom, der die wissenschaftlichen Gesetze des Lebens nicht kennt, zu keiner Begriffsvorstellung von Vermögen gelangt ist, abgesehen von dem ausgeklügelten Kodex von Verordnungen und Rechtskonventionen, welcher dem Einzelnen, der ohne den tatsächlichen Besitz von Vermögen ist, das Recht gibt, es zu erwerben, während ich, von der Anwendung der Gesetze der Energie auf das Problem, wovon die Menschen leben, zu einer solchen Vermögensauffassung gelangt bin.

Die Natur des Geldes

Demzufolge möchte ich meine Aufmerksamkeit auf die häufigste Form der Verschuldung, das Geld, lenken, denn ich glaube, dass es keinen Frieden in der Gesellschaft geben kann, bis die richtigen Ansichten über diese Konvention weiter verbreitet sind und die Kaufkraft des Geldes ebenso eindeutig festgelegt ist, wie die Normen für Gewichte und Maße, und dass das gesamte ausgeklügelte politische und soziale System nur eine fadenscheinige und ausgeklügelte Fantasiewelt bleiben wird.

Abermals kann durch den Krieg die wahre Natur des Geldes von jedermann wahrgenommen werden. Sie sollte genau das gleiche Verhältnis zu den Vermögenserträgen aufweisen wie eine Lebensmittelkarte zur Lebensmittelversorgung oder eine Theaterkarte zu einer Theateraufführung. Tatsächlich gibt es derzeit aber nicht mehr Verbindungen zwischen der Währung und den Erträgen als zwischen der Geburtenrate und dem Barometer. Der Vermögensertrag hängt vom Ernteglück ab und von allen jenen Umständen wie dem Auftreten oder Ausbleiben von Krankheiten, Stürmen, Dürren und Sonnenschein, welche die Produktivität der Natur beeinträchtigen. Die Währung wird oder wurde dem Glück des Goldsuchers und seiner sprunghaften Entdeckungen überlassen, dem Wissensstand bei der Gewinnung der Edelmetalle, bei der eine einzige Innovation, wie das Zyanidieren, das Angebot enorm erhöhen kann.

Auch durch die Erfindung eines solchen Systems wie des Schecks, dem feierlichen Herumschieben von Gold von einer Hauptstadt zur anderen, zur Anhebung oder Absenkung der Preise, nur um einer Hierarchie gerecht zu werden, die aus Geld ein Geheimnis gemacht hat und aus der Währung eine nie versagende Bauernfängerei.

Wenn Geld seine Funktion als Wertmaßstab erfüllen soll, ist es klar, dass die Währung ebenso wie die sich ändernden Erträge reguliert werden muss. Sie wird ausgegeben, wenn sich letztere ausweiten und wieder vernichtet, wenn letztere sich verringern. Da sie weder im ersten Fall verschenkt, noch im zweiten Fall entzogen würde, sondern zum Rückkauf alter oder zum Tausch gegen neue staatliche Kredite verwendet würde, könnte die Gemeinschaft als Ganzes den Wohlstand guter Zeiten sowie die Strenge schlechter Zeiten teilen, anstatt nur Letzteres, wie unter dem bestehenden System.

Ich erinnere mich, dass ich als junger Mann in einem Buch über Wirtschaft, das ich seitdem nicht mehr aufspüren konnte, von den fast mystischen Tugenden des Goldes im menschlichen Miteinander gelesen habe und wie jeder Fund dieses Metalls in Kalifornien, Südafrika und Australien von einem Boom des Handels gefolgt und der nationale Wohlstand gesteigert wurde. Für einen Chemiker schienen die mystischen Tugenden jeder Art von Metall, sogar Gold, eine völlig chimäre Illusion zu sein, aber ich musste zwanzig Jahre warten, bevor die eigentliche Erklärung offensichtlich wurde.

Das letzte Jahrhundert war eine Zeit, in der die Wissenschaft das Welteinkommen sprunghaft erhöhte, völlig jenseits des Verständnisses der Zeitgenossen, indem sie den Verbrauch des in Kohle eingelagerten Energiespeichers auslöste. Wird das Nahrungsangebot ohne entsprechende Ausgabe neuer Lebensmittelkarten erhöht, erhält jeder Inhaber eines alten Tickets anteilig mehr. Während, wenn die Ticketausgabe mit der Nahrungsmittelversorgung erhöht wird, die alten Ticketinhaber das gleiche wie vorher bekommen und die neuen Kunden den Überschuss an Nahrung erhalten.

Daher bedeutete jede Erhöhung der Währung in dieser extravaganten Ära des Wohlstands, sei es durch die Entdeckung von Goldminen oder die Erfindung von Schecks, dass der gestiegene Wohlstand nicht an die Gläubiger der Gemeinschaft ging, sondern der Teil, der der Zunahme der Währung entsprach, an neue Menschen ging und der allgemeine Wohlstand die Folge war. Wie viel einfacher wäre es gewesen, das Geld einfach zu drucken und die Emission zur Rückzahlung der Staatsschuld zu verwenden. Aber die Gelegenheit verstrich ungenutzt und dergleichen dürfte sich nicht wiederholen.

Von denjenigen, die den Vorschlag von Gesell auf dem Kontinent und von Kitson in diesem Land nicht kennen, werde ich gefragt, wie es möglich ist, die Kaufkraft des Geldes festzuschreiben. Die Antwort ist einfach genug: Indem man sie festschreibt. Sobald die Durchschnittspreise fallen, was durch Indexzahlen erkennbar wird, werden mehr Währungszeichen gedruckt und diese werden wieder aus dem Verkehr gezogen, wenn die Preise steigen. So wie es steht, werden diese Angelegenheiten, die die wichtigsten Faktoren für das wirtschaftliche Wohlergehen der Gemeinschaft sind, zweifellos der seltsamsten Kombination aus Naturglück und menschlicher Gerissenheit überlassen, der jemals ein Volk sein Schicksal anvertraut hat.

Geld, so wird mir gesagt, muss nicht nur als Maß für den Wert dienen, sondern auch als Tauschmittel und als Wertaufbewahrungsmittel. Was letzteres betrifft, so heult die Menschheit geradezu nach dem Mond. Vermögen ist ein Fluss, kein Speicher. Nach dem Kriegsspektakel kann ich mir keine Nation vorstellen, die so barbarisch ist, dass sie Gold als einen Wertspeicher betrachtet. Demonetarisieren Sie es und wo bleibt sein Wert? Keine Goldmine würde am morgigen Tag in Betrieb sein. Die Welt hat genug Gold, um all ihre Zähne zu stopfen und ihre Teelöffel für Hunderte von Jahren zu vergolden. Auch kann niemand nach der Erfahrung des Krieges wirklich einen Fehler am Papier als Tauschmittel finden, vorausgesetzt, seine Ausgabe würde auf das Ziel gerichtet sein, die Durchschnittspreise von Jahrhundert zu Jahrhundert konstant zu halten.

Regelung der Kaufkraft

Zivilisierte Nationen unterhalten mit großem Aufwand aufwendige Testinstitute, um mit akribischer Genauigkeit alle Maße festzusetzen und Replikate aller Mengen zu verbreiten, die *auf der einen Seite* jeder kommerziellen Transaktion im Zusammenhang mit Kauf und Verkauf eingesetzt werden. Sie unterhalten eine Armee von Beamten und Inspektoren, um das hohle Pfundgewicht, den elastischen Zollstock und den ausziehbaren Messbecher zu unterdrücken.

Was für ein aufwendiger Schwindel für die Öffentlichkeit all diese einseitige Leidenschaft für Genauigkeit ist! Die Öffentlichkeit ist nicht an der absoluten Größe der Gewichte und Maße interessiert. Einzig und allein von praktischer Bedeutung ist das relative Maß: Nicht nur, wie viel Kohle im Sack oder wie viel Bier im Krug ist, sondern wie viel Kohle und wie viel Bier für wie viel Geld zu bekommen ist. Haben wir ein Nationales Wirtschaftsamt zur Stabilisierung der Kaufkraft des Geldes oder eine durchdachte Organisation von Inspektoren, um mit Organisationen zu streiten, die das Pfund Sterling als Ziehharmonika missbrauchen, als Pendant zu denen, die den Bagatellbetrug bekämpfen?

Unser System ist geradezu vergleichbar mit dem Verplomben nur eines Armes einer Waage und einem eindrucksvollen Getue, um sie vor Wind und Manipulationen zu schützen, während die Kalibriervorrichtung des anderen Armes der Manipulation einer Gruppe von Personen überlassen wird, die ihren Lebensunterhalt aus einem solchen Geschäft bestreiten.

Es ist bekannt, dass amerikanische Finanziers der Bank von England £11.000.000.000 abgenommen haben, indem sie britische Wertpapiere verkauft und schon im Voraus amerikanische Wertpapiere gekauft hatten, und dann diese in Amerika in Umlauf gebracht haben, was dazu führte, dass die Preise der von ihnen verkauften Wertpapiere stark an Wert verloren und die von ihnen gekauften Wertpapiere entsprechend stiegen. Da Gold nie mehr als ein paar Prozent der Gesamtwährung ausmacht, folgt auf eine Verringerung oder Erhöhung der Goldbasis in einem Land ein enorm größerer Gesamtwertabfall oder -anstieg, und Finanziers, die in der Lage sind, nach eigenem Ermessen einige Millionen des „Edelmetalls“ zu transportieren, können sehr leicht und sicher das Vermögen anderer Menschen erwerben.[VII]

Zweifellos ist die genannte Angelegenheit außergewöhnlich, aber wenn man sich erkundigt, wer für die Kalibrierung der Kaufkraft des Geldes zuständig ist, wird vieles, was bisher in unserer Zeit unerklärlich schien, deutlich. Diese Befugnisse werden von Privatbanken, wie der Bank von England, im unerschütterlichen Interesse nicht der Gemeinschaft, sondern der Gläubiger der Gemeinschaft ausgeübt. Solange die Währung konstant bleibt, kann keine Änderung der Einnahmen den relativen Anteil der von den Gläubigern gesicherten Einnahmen am Gesamtertrag beeinflussen.

Hingegen wird jeder Anstieg der Währung ihren *relativen* Anteil verringern und daher als Inflation bezeichnet und jeder Rückgang der Währung wird ihren relativen Anteil erhöhen und daher als solides Finanzwesen bezeichnet. Selbst wenn wir noch dabei sind, die gegenwärtigen Missverständnisse des Vermögens von der Realität zu entflechten, ist es nicht schwer zu verstehen, warum die von der Wissenschaft verliehenen Segnungen von so geringer Tragweite waren. Die Zivilisation lag in ihrem lebenswichtigsten Interesse nicht in den Händen derer, die am meisten zu ihrem Wohlstand beigetragen haben, sondern derjenigen, denen sie im wahrsten Sinne des Wortes schuldenpflichtig ist und bei denen sie nach diesem System wahrscheinlich immer mehr verschuldet werden wird.

Folgendes bietet ein schnelles und praktisches Gegenmittel für die offensichtlichsten Missstände, an denen die Zivilisation erkrankt ist. Man schaffe eine umfassende Organisation, um bei jedem öffentlichen Vorschlag das Empfinden der City [*of London*, A.d.Ü.] und die Ansichten der Finanz- und Bankmanager zu ermitteln, aber

[VII] See Bankers' Magazine 1896, pages 486, 505 and 611. An economist challenged the authenticity of this instance and described it as a «cock and bull tale». He should have said «bear and bull».

man handle genau in entgegengesetzter Richtung. Vom Standpunkt des öffentlichen Wohlergehens und nicht ihrer Gläubiger betrachtet, kann man es dann kaum vermeiden, immer richtig zu liegen.

Zweite Vorlesung: Birkbeck College – Vorsitzender: Direktor George Senter

Einige Fragen, die mir am Ende des letzten Vortrags gestellt wurden, scheinen auf die Notwendigkeit hinzudeuten, zuerst einige Missverständnisse auszuräumen, teilweise vielleicht, weil ich Ruskin als Ökonomen zitiere. Obwohl meine Ansichten in mancher Hinsicht den bereits vor langer Zeit von Ruskin vertretenen sehr ähnlich sind, darf ich anmerken, dass ich sie, ohne dass ich mir der Schriften Ruskins zu diesem Thema bewusst war, aus den Prinzipien des Wärmemotors und nicht aus denen der Ethik abgeleitet habe.

Ich weiß, dass es eine drängende Frage ist, ob sich die Wirtschaft überhaupt mit Ethik beschäftigen sollte. Ich glaube jedoch nicht, dass es über ihre Verpflichtung, die Gestaltung des Lebens zu verstehen, geteilte Meinungen geben kann. Wenn es sich überhaupt um eine Wissenschaft handelt, dann geht es ihr, in Huxleys Worten, um Wahrheit als einer »*Wahrhaftigkeit des Denkens und Handelns, und um das entschiedene Erkennen der Welt, wie sie ist, wenn das Gewand der Scheinwelt, mit dem fromme Hände ihre hässlicheren Züge verdeckt haben, heruntergerissen wurde.*«[I]

Weder die ethischen noch die statistischen Seiten einer Scheinwelt sind heute von großem Interesse, aber die Volkswirtschaftslehre muss noch die Emanzipation erreichen, die zu Huxleys Zeiten die biologischen Wissenschaften erreicht hatten. Ich spreche zu Ihnen über dieses Thema, weil die Anwendung alltäglicher technischer Prinzipien auf den Lebensmotor ein so kraftvolles Korrektiv gegenüber der ökonomischen Scheinwelt der Gesellschaftssysteme darstellt.

[I] A.d.Ü.: Hier wird Thomas Henry Huxley (1825–1895) zitiert: »*There is no alleviation for the sufferings of mankind except veracity of thought and of action, and the resolute facing of the world as it is when the garment of make-believe by which pious hands have hidden its uglier features is stripped off.*«

Profit

Auf der Grundlage eines Zitats von Ruskin, dass es keinen Profit im Austausch gäbe, wurde dieser von einem angesehenen Ökonomen, ich denke zu Unrecht, verurteilt. Ich weiß sehr wohl, dass es die Mode ist, Ruskin als Ökonomen als veraltet zu betrachten, obwohl die Zeit für ein Urteil in diesem Punkt eigentlich noch kaum reif ist. Aber zur eigentlichen Aussage, dass es keinen Profit im Austausch geben könne, mag es sicherlich nur einen Bedeutungsunterschied geben, der mit dem Wort *Profit* verbunden ist.

Es gibt im Handel viel Geld zu verdienen, aber keinen Vermögenszuwachs; viele Vorteile für die Gesellschaft, für die der Kaufmann hoch vergütet wird; viel Vermögenszuwachs für den Kaufmann, aber keinen Profit. Denn die Summe des Vermögens ist vom Warenaustausch unberührt und es gibt gegenüber dem Plus der Kaufleute ein genau gleiches Minus.

Energieerhaltung in der Vermögensfrage

Das Wort Ökonomik wurde von Aristoteles geprägt, um die Haushaltsführung zu bezeichnen, die im Gegensatz zu Geld und Handel steht (Chrematistik). Was Aristoteles vor 2.250 Jahren gemeint hat, habe ich noch einmal in der letzten Vorlesung erwähnt, als ich den „*Ökonomen*“ vorhielt, Schulden mit Vermögen zu verwechseln. Ein Schinkenhändler, der auf einer 10-prozentigen Gewinnbasis arbeitet, kann zehn Schinken für die gleiche Summe kaufen, wie er neun verkauft. Er mag sich in Gedanken daran freuen, zu denken, einen Profit von einem Schinken gemacht zu haben, aber er hat sicherlich keinen Schinken gemacht. Es waren und bleiben zehn, während, wenn jemand den Zugewinn eines Schinkens gemacht hätte, es jetzt elf sein sollten. Diese Schinken stellen den Lebensnutzen einer bestimmten Anzahl von Schweinen dar, genauer gesagt zweieinhalb,[II]

[II] Ein Schwein, so sagt man mir, hat nur zwei Schinken. Die anderen sind Vorderschinken, um noch genauer zu sein.

die gemäß den Aufzuchtrichtlinien mit Kartoffelschalen gefüttert werden, welche wiederum ihren Nährwert aus der Sonne erhalten haben. Da Vermögen eine Form von verkörperter Nutzenergie ist, gilt das Gesetz der Energieerhaltung für den Vermögensbereich, indem es für jedes Plus ein Minus gibt. Aber glücklicherweise wird in diesem Fall der Erde das Plus gutgeschrieben, während die Sonne mit dem Minus belastet wird, und das ist aus terrestrischer Sicht so gut wie eine tatsächliche Schöpfung von Vermögen. Mehr als das erlauben die Gesetze von Materie und Energie nicht.

Das *Gegenteil* (für jedes Minus gibt es ein Plus) gilt nicht für das Vermögen, weil es sich um die Verfügbarkeit von Energie und nicht um ihre Gesamtmenge handelt, und weil die natürliche Tendenz aller verfügbaren oder vermögensbildenden Energien dazu besteht, mehr oder weniger schnell als Abwärme in die gleichmäßige Temperatur der Umgebung überzugehen.

Die Betrügereien der Wirtschaftssysteme aufzudecken, ist eine zeitraubende Aufgabe, und da wir uns noch mit der Natur des Kapitals und des Wucherns befassen müssen, ist es auch gut, zuerst über die Grundlagen zu sprechen: Wie wird Vermögen produziert und was sind, wenn überhaupt, die Grenzen für den Vermögenswert einer intelligent gesteuerten Gemeinschaft?

Wissen als Voraussetzung für Vermögensbildung

Wir haben bisher nur den ersten Faktor, den kontinuierlichen Energiefluss einer verfügbaren Form, berücksichtigt. Wenn diese in unbegrenzter Menge und unter menschlicher Kontrolle wären, genauso wie die Energie des Treibstoffes jetzt ist, würde dieser Faktor der Vermögensproduktion keine Grenzen setzen. Auch die Unterscheidung, die derzeit so notwendig zu machen ist, zwischen dem Lebensnutzen und dem Arbeitsnutzen der Energie, wäre von geringerer Bedeutung, denn es ist nicht so sehr, dass die synthetische Produktion von Lebensmitteln, außer mit Hilfe der Pflanze, unmöglich ist, sondern dass sie mit dem gegenwärtigen Energiewert nicht praktikabel ist.

Im vergangenen Jahrhundert muss es für jeden, der der von uns verfolgten Denkweise folgt, den Anschein erweckt haben, dass die Grenzen dieses ersten Vermögensfaktors immer den Ehrgeiz und die Expansion des Menschen einschränken müssen. Aber jetzt wissen wir, dass es nicht so ist. Die außerordentlichen Entwicklungen seit Anfang des Jahrhunderts in der Erforschung der Radioaktivität und der inneren Struktur des Atoms haben bewiesen, dass in gewöhnlichen Materialien Energiemengen in der Größenordnung des Millionenfachen dessen liegen, was bei der Verbrennung aus Kraftstoff gewonnen werden kann. Aber um diesen Speicher zu befreien, muss zuerst die Umwandlung der Elemente ineinander ermöglicht werden. Die radioaktiven Elemente befinden sich im Zuge einer natürlichen Verwandlung, die nicht aufgehalten und ebenfalls nicht nachgeahmt werden kann. Die Energie des Radiums, des Elements, das über Jahrtausende alle zwei Tage so viel Wärme abgibt, wie sein Eigengewicht in Brennstoff bei der Verbrennung, wird aus diesem bisher ungeahnten Energiespeicher aus der Struktur des Radiumatoms bei dessen Umwandlung in Blei- und Heliumatome gewonnen.

Nein! Es ist der zweite Faktor in der Produktion von Vermögen, der jetzt den menschlichen Wohlstand begrenzt und wahrscheinlich immer begrenzen wird. Es ist Wissen, oder besser gesagt Unwissenheit. Für unzählige Jahre erfroren die Menschen auf dem Gelände der heutigen Kohlebergwerke und hungerten inmitten des Getöses der Niagarafälle[III], die jetzt am Werk sind und Nahrung liefern. Jeder einzelne Faktor in der Vermögensproduktion existierte vor der phänomenalen Expansion des letzten Jahrhunderts mit Ausnahme eines, des Wissens, wie man den Kapitalstock des im Kraftstoff konservierten Sonnenlichts beherrscht und für das Leben nutzt.

Es ist heute genau das Gleiche. Wir sind so weit davon entfernt, die Energiespeicher zu nutzen, von denen wir wissen, dass sie

---

[III] A.d.Ü.: Siehe die Fußnote III im ersten Vortrag (elektrische Energie aus Wasserkraft, Düngemittelproduktion aus Stickstoff).

überall um uns herum in unbegrenzter Fülle vorhanden sind, wie die wilden Menschen, die noch nicht gelernt hatten, ein Feuer zu entzünden, davon entfernt waren, jene Kraft zu nutzen, die unsere eigene Zeit groß gemacht hat. Die ganze Angelegenheit kann im öffentlichen Interesse nicht mit einem Ballspiel oder einem Profiboxkampf mithalten, und wie kürzlich gesagt wurde, hängt die Zukunft der Zivilisation von einem langen Urlaub ab, in dem die Wissenschaftler an den Universitäten die Möglichkeit haben, für einige Wochen ungestört und kontinuierlich zu forschen.

Genialität

Es liegt mir fern, die Gewinnung von Wissen in zwei wasserdichte Bereiche zu unterteilen, welche als „rein" im Gegensatz zu „angewandt", akademisch gegenüber technisch oder die Entdeckung entgegengestellt einer Erfindung angeführt werden könnten – und erstere auf einen Gipfel zu heben, der nur von wenigen erreicht werden kann, und letztere auf ein Niveau zu bringen, das nur wenig über der Kapazität des gewöhnlichen effizienten Routinearbeiters liegt.

Dennoch ist es unbestreitbar, dass, zumindest zu gegebener Zeit, reines wissenschaftliches Wissen, das nur um die Erkenntnis willen und ohne einen bestimmten zweckmäßigen Nutzen erworben wurde, immer vor jedem großen Fortschritt in Technologie und Erfindung stehen muss. Jedoch sind in beiden Bereichen die erforderlichen Qualitäten von Geist und Temperament sehr ähnlich und in beiden, in ihren höchsten Ausdrucksformen, erreichen wir jene undefinierbare und schwer fassbare Qualität, die wir als Genie bezeichnen. In dieser Hinsicht ist alles Geniale gleich – es erschafft – und in der ganzen Schöpfung ist das Ganze immer unvergleichlich größer als die Summe der Einzelteile.

Diejenigen, deren Philosophie darin besteht, kleine Schritte zu gehen, von denen jeder anscheinend fast trivial ist, vom Elektron zur Seele, versuchen auch, von den bescheidensten Anfängen der Intelligenz über die tierische Ebene zu den gegenwärtigen Höhen der intellektuellen Leistung zu gelangen, die in den exakten Wissenschaften erreicht wurden. Genial ist „nur" die kumulative Summe der unendlich kleinen Schritte im intellektuellen Fortschritt, die mit dem Menschen selbst begann. Meiner Meinung nach kann man ein bedeutendes Gemälde genauso gut als einen kumulativen Effekt von unendlich kleinen Flecken Farbe beschreiben, oder eine Symphonie als eine Anhäufung von Schallschwingungen. Das Ganze ist größer als die Teile, aber trotzdem ist das nicht der Hauptpunkt, der hier noch übersehen wird. Jeder kennt den Unterschied zwischen dem Lesen oder Übersetzen einer Fremdsprache und dem Sprechen. Einige von uns, die jetzt ein Jahr Forschungsarbeit vor dem Abschluss leisten müssen, werden vielleicht den Unterschied erkennen, ob sie alles über alle wichtigen Fortschritte wissen, die jemals im Rahmen unserer Forschung gemacht wurden, besser als jene, die diese Entdeckungen tatsächlich gemacht haben, und ob sie selbst den kleinsten Fortschritt darin erzielen.

So wie ich gezwungen bin, eine Barriere zwischen Leben und Mechanismus in dem Sinne zu setzen, dass es keine kontinuierliche Kette der Evolution vom Atom zum Leben gibt, so habe ich auch eine Barriere zwischen der Assimilation und der Schaffung von Wissen gesetzt. Jeder dieser winzigen Schritte des intellektuellen Fortschritts, die im Nachhinein so klein aussehen, hatte einst einen anderen Charakter. Warum sollte beispielsweise Newton das Gesetz der Gravitation oder Benjamin Franklin die Natur des Blitzes entdecken? Wir haben hier eine ziemlich bemerkenswerte Besonderheit des menschlichen Geistes. Jeder Lehrer weiß, wie gut es seinen besten Schülern gelingt, die Errungenschaften der Vergangenheit und Gegenwart zu erwerben und zu verfolgen, sodass sie im Alter von zwanzig Jahren oft über ein breiteres Spektrum an Wissen verfügen als jeder der Pioniere, die zu diesem Thema beigetragen haben. Doch wie selten ist es zumindest bisher, diese einzigartig ausgerüsteten und vollendeten Wissensspeicher zu finden, die in der Lage sind, einen einzigen Schritt vorwärts zu machen, der nicht nur nachahmend ist und der von da an hundert Jahre zu Ehren der Trivialität überleben wird?

Möglicherweise stehen wir kurz davor, etwas über die Natur der intellektuellen Schöpfung im Unterschied zur Mimikry zu verstehen. Aber bis dahin muss der Reichtum der Welt, materiell nicht weniger als geistig, letztendlich dem Werk von nur wenigen Köpfen zugeschrieben werden.

Grundlagen der Vermögensproduktion

Nach Energie und Genie kommen wir zur Arbeit, dem einen Faktor der Vermögensproduktion, der bisher hinreichend anerkannt wurde. Bislang hat zumindest dieser Faktor die Expansion des Wohlstands nicht begrenzt, sondern erweitert sich *gleichförmig* mit ihm, obwohl in dieser Hinsicht in allen europäischen Ländern und auch in Australien der Bevölkerungszuwachs eindeutig aufgehalten worden zu sein scheint. Es ist zumindest für unsere heutige Zeit wahrscheinlich, dass ein definitiver Rückschritt in Bezug auf das erlangte Wissen unwahrscheinlich ist, und selbst wenn die Zivilisation eine Zeit in der Zukunft durchlaufen muss, die dem finsteren Zeitalter der Vergangenheit entspricht, werden die intellektuellen Leistungen der Gegenwart erhalten bleiben. Wenn eine bestimmte Stufe in der Technologie der Vermögensproduktion gewährt wird, ist es wahrscheinlich, dass dies ohne weitere Hilfe von dem, was ich als die im Wesentlichen kreative Art von Geist betrachte, von Generation zu Generation von der Arbeiterbewegung im weitesten Sinne aufrechterhalten werden kann, in diesem Begriff eingeschlossen jede Art und jeden Grad von Routine und nachahmendem Arbeiter, ob mit Hand oder mit dem Verstand.

So haben wir drei Faktoren, zwei des Charakters eines kontinuierlichen, unendlichen Beitrags, einen Energiefluss und die unermüdliche Aufmerksamkeit, ob körperlich oder geistig, die für seine Nutzung erforderlich ist, und einen, die Schaffung von Wissen, den Charakter eines konkreten Fortschritts, der einmal und immer danach für alle Zeiten verfügbar gemacht wurde. Letzterer Faktor begrenzt die Wachstumsrate des Reichtums, trägt aber streng genommen nicht zu seiner tatsächlichen Produktion bei. Es wird immer das Privileg des Genies sein, der Nachwelt mehr zu schenken als seiner eigenen Zeit.

Im Laufe der Zeit zwingt sich dieser Charakter des Vermögens, im Wesentlichen als Fluss und nicht als etwas, das gespeichert werden kann, immer mehr in unser Bewusstsein, wenn wir aus den rein subjektiven Ansichten herauswachsen, die wir aus unseren eigenen Lebensgrundlagen und unserem Bankguthaben ableiten. Die Zeit ist reif, dass die Welt, ausgehend von einer wissenschaftlichen Grundlage, die Übereinkommen bedenken sollte, nach denen sie den Einzelnen befähigt, „zu sparen" und „Reichtümer" anzuhäufen. Im Großen und Ganzen sollte der Zweck solcher Übereinkommen eindeutig darauf ausgerichtet sein, die Zeit der Kindheit, der Jugend und des Alters zu ermöglichen, sowie das Genie und die Weitergabe und Verbreitung seiner Ergebnisse sowie ähnliche Arbeiten von allgemeinem Nutzen zu gewährleisten. Dies müssen Abgaben auf die Einnahmen und nicht auf Schulden sein, die Privatpersonen an ihre Erben und Nachfolger weitergeben und die durch die lächerlichen Ansprüche des Wuchers zu einer Absurdität angeschwollen sind.

Mit zunehmender Anerkennung der Öffentlichkeit, welche durch den Krieg die reale Natur des Geldes erkannt hat, sollte uns die leidige Frage nach dem, was normalerweise Kapital genannt wird, keine großen Schwierigkeiten bereiten. So wie Geld ein Papier zum Einzug von Vermögenserträgen ist, ist Kapital der Papierbeleg für die Vermögensaufwendungen. Ökonomen, die mit dem mythischen Ursprung des Menschen aufgewachsen sind, wie er im Buch Genesis festgehalten wird, haben, um den Ursprung des Kapitals zu erklären, früher gerne einen mythischen Robinson Crusoe erfunden, der mit außergewöhnlichem Fleiß und Scharfsinn als primitiver Kapitalist gilt. Mit dem Fortschritt des Wissens hat sich der wahre Adam als Tier herausgestellt, und jetzt erweist sich der ursprüngliche Kapitalist als eine Pflanze!

Die materielle und wissenschaftliche Größe unserer Zeit ist auf die urzeitliche Anhäufung der Sonnenenergie in den Wäldern der Karbonzeit zurückzuführen und bis heute als Kohle erhalten. Die Pflanze hat dies angesammelt, wir geben es aus.

Wenn Kohle verheizt wird, wird sie verbrannt. Man kann sie nicht verbrennen und im Keller aufbewahren und noch weniger kann man sie für immer um so viel Prozent verzinsen, wie es beim sogenannten Kapital des Ökonomen und in der Geschäftswelt der Fall ist. Hier verwechselt der Ökonom wieder unseren alten Freund Schuld mit dem Vermögen. Das Vermögen wurde ausgegeben, nicht gespeichert und gegen eine Art Quittung eingetauscht, was dem Inhaber ein völlig normales Anrecht auf so viel Prozent pro Jahr gibt, bis die Schuld getilgt ist.

Über den Zins

Der Kapitalist wünscht es in zweierlei Weise zu haben: Als öffentlicher Wohltäter angesehen zu werden, weil er sein Vermögen ausgibt, nicht um sich zu Tode zu trinken, sondern um es in Unternehmen zu investieren, die die Einnahmen steigern sollen. Wenn er das täte, wäre er in der Tat ein öffentlicher Wohltäter. Aber da die Gemeinschaft sein Vermögen ausgegeben hat, erwartet er für sich selbst alles zu gegebener Zeit mit Zinsen für das Darlehen zurück. Die Folgen seiner Enthaltsamkeit sind, dass die Zivilisation unweigerlich »*in die Hände der Wucherer*«[IV] gelangt ist. Im Vergleich dazu wäre die wildeste Verschwendung seitens des ursprünglichen Kapitalisten ein relativ geringes Übel gewesen.

[IV] A.d.Ü.: Im Original steht: »*The consequences of his abstinence are that civilisation has got inextricably 'into the hands of the Jews'.*« Wir sehen hierin ein gängiges Idiom aus der Jahrhundertwende, welches durch die Ansichten von Karl Marx, der ironischerweise selbst – sowohl väterlicher- als auch mütterlicherseits – jüdische Vorfahren aufwies, nochmals eine ganz eigene sog. „anti-semitische" Verschärfung erfahren hatte. Soddy geht es jedoch nicht um das Volk der Juden an sich, vor allem nicht im religiösen Sinne, sondern allein um die finanztechnische Dynamik, weswegen wir hier das Wort ›Wucherer‹ wählen.

Es ist natürlich eine kolossal schwierige Aufgabe, Vermögen auszugeben, um die Erträge zu steigern. Alle Ehre gebührt der unternehmerischen Energie und dem Engagement der kaufmännischen und technischen Manager und der Arbeiter, die die Umwandlung von Kapitalvermögen in höhere Erträge bewirken. Aber was die Menschen betrifft, die nur das ausgegebene Vermögen verleihen, z. B. den gewöhnlichen Dividendeninhaber einer Aktiengesellschaft, so ist er natürlich einfach der eigentümliche Wohltäter, der früher als Wucherer bezeichnet wurde. Wir alle sind jetzt mit dabei, seit es möglich wurde, eine £1 Kriegsanleihe mit Zinseszinsen von 15s 6d zu kaufen.

Die außerordentlichen Veränderungen der rechtlichen und sozialen Konventionen in Bezug auf Zinsen und Wucher, die in der Geschichte festgehalten werden, machen deutlich, dass die Volkswirtschaft, die von solchen Faktoren ebenso sehr abhängt, wie von den Gesetzen der Energie, niemals eine Wissenschaft im genau gleichen Sinne wie die Physik oder Chemie sein kann. Für Aristoteles war ein Wucherer eine mehr als verachtenswerte Person. Heute sind selbst die Vizekanzler der alten Universitäten, die behaupten, das griechische Denken und die griechische Kultur zu verehren, so hingerissen wie jeder andere von der Güte des Zinseszinses.

Von allen harten Kritikern des Wuchers ist Martin Luther leicht der Erste, und in seiner energischen Verurteilung gibt es eine gewisse Klarheit, die uns Modernen zu fehlen scheint. Sonst könnten nur wenige die wirtschaftlichen Erwägungen einer gewöhnlichen Tageszeitung oder eines sozialen Clubs tolerieren.

»*Die Heiden konnten im Lichte der Vernunft feststellen, dass ein Wucherer ein doppelt gefärbter Dieb und Mörder ist. Wir Christen halten sie jedoch in einer solchen Ehre, dass wir sie um ihr Geld willen förmlich anbeten (...). Wucher ist ein großes Ungeheuer, wie ein Werwolf, der alles verwüstet, mehr als jeder Cacus (...). Denn Cacus meint den Bösewicht, der (...) alles stiehlt und raubt und isst. Und er wird nicht zugeben, dass er es getan hat und denkt, dass niemand ihn aufspüren wird, denn die rückwärts in seine Höhle gezogenen Ochsen lassen es in ihren Fußstapfen erscheinen, dass sie herausgelassen wurden. So würde der Wucherer die Welt täuschen, als ob er von Nutzen wäre, und der Welt Ochsen gäbe, während er jedoch ganz allein zerreißt und isst.«*[V]

Man muss zugeben, dass es schwierig wäre, eine bessere Beschreibung des Wucherns zu finden, als hier angegeben ist: *„Ochsen, die in die Höhle hineingezogen wurden, die, nach ihren Fußstapfen zu urteilen, offenbar herausgelassen worden sind"*. Die gegenwärtige orthodoxe Ökonomie gibt die Anerkennung, die zu Recht dem wissenschaftlichen Entdecker gehört, dem Exponenten des Vermögens, an den Wucherer, dem Exponenten der Schulden.

Man wird mir antworten, dass sich etwas für die Investitionen nachweisen lässt und dass es im Vergleich zu den Papierbelegen materielle Vermögenswerte gibt. Wenn also eine Eisenbahn als Beispiel genommen wird, gibt es das Eisenbahn-Fahrzeug und die Schienen.

Aber zugegebenermaßen hätten diese nur einen Schrottwert, wenn die Eisenbahnen nicht länger bezahlen würden und die Aktionäre ihr Geld zurückhaben wollten. Mit zunehmendem Alter der Welt müssen diese Anfangsausgaben regelmäßig erneuert werden, um eine gute Abschreibung zu erzielen, und außerdem sind die Anlage und die Betriebsmethoden mit dem Wissenszuwachs unzeitgemäß geworden. Die Verschuldung gegenüber den Altaktionären endet jedoch in der Regel nicht aus diesem Grund. Die Eisenbahnen zahlen weiterhin Dividenden auf alle getätigten Investitionen, obwohl, wie bei den angeschafften Kanalsystemen, ein Großteil davon insgesamt keine Einnahmen mehr bringt. Es scheint mir, als wäre es nur eine Frage der Zeit, bevor dies bei jeder Form von Investition geschieht. Die normale Altersform des Kapitals ist die einfache Schuld, ein dauerhaftes Pfandrecht an den zukünftigen

[V] A.d.Ü.: Dieses Zitat findet sich in der englischen Ausgabe von Karl Marx' DAS KAPITAL (Band I, Kapitel 24, Fußnote 20) und wird Luther zugeschrieben. Ursprünglich ist es jedoch in den von Konrad Porta (1541–1585) verfassten lutherischen Predigthilfen, den PASTORALE LUTHERI, unter Nr. 17 mit dem Titel ›*An die Pfarrherrn wider den Wucher zu predigen*‹ erschienen.

Vermögenseinnahmen. Die Vermögenswerte sind weit überbewertet. Wenn die Welt so hart am Aufbau arbeitete, wie während des Krieges an der Zerstörung, und der Wucherer dies erlaubte, könnte wahrscheinlich die gesamte Zivilisation nach einem Erneuerungsplan wieder aufgebaut werden und der Augiasstall einer modernen Industriegesellschaft würde in kürzerer Zeit als der des Krieges gereinigt.

Das riesige Vermögen, das die Wissenschaft zu Beginn des 19. Jahrhunderts zur Verfügung gestellt hat, wurde, soweit es ausgegeben wurde, für die Ausgabe durch Papierbelege ersetzt, die für alle Zeit verzinst werden. Kapital bedeutet lediglich unverdientes Einkommen geteilt durch den Zinssatz und multipliziert mit 100. Wenn ich einen Prozess erfinde, der £1.000 pro Jahr einbringt, ist sein Kapitalwert £20.000, wenn der Zinssatz 5 % beträgt, und ich kann ihn für eine solche Summe verkaufen.

In diesem Sinne summiert sich heute das Kapital der Welt zu einer völlig unvorstellbaren Summe. *Es gab noch nie auf einmal eine solche Menge an Reichtum.* Sie stellt die kumulierten Investitionen von Generationen von Menschen dar. Während des Krieges wurde der Kapitalstock des Landes um rund £7.000.000.000 erhöht, was einen permanenten Zins von £350.000.000 pro Jahr einbringt. Man wird mir vorhalten, dass alle zugeben, dass es sich dabei um Schulden handelt, während es sich in dieser Hinsicht, genau auf der gleichen Ebene wie die so genannten produktiven Investitionen, um ein privates Pfandrecht an den Einnahmen handelt, um *Vermögen* für den einzelnen Eigentümer und um Schulden gegenüber der Gemeinschaft. Was die Volkswirtschaftlichen Gesamtrechnungen betrifft, so ist dieser Betrag von £350.000.000 pro Jahr eine einfache Übertragung und kein Ausgabenposten. Der Betrag wird vom Steuerzahler eingezogen und an die Inhaber von Kriegsanleihen ausgezahlt. Sie beträgt £8 13s 4d pro Kopf der Bevölkerung und beinhaltet den kleinen Posten von 10s pro Kopf in Bezug auf die Napoleonischen Kriege. Es kann nur ein mögliches Ende dieses Prozesses geben. Obwohl der Fortschritt der Wissenschaft die Einnahmen von Jahr zu

Jahr so steigern kann, dass diese Zahlungen als Zinsen möglich sind, muss am Ende das gesamte Einkommen in der Kontrolle des Wuchers liegen. Ein kleiner Teil der Bevölkerung wird in die Stellung einer großspurigen Klasse von Rentiers kommen, die von den Zinsen lebt, und der größte Teil des Restes wird zum Verhungern verurteilt, sofern er nicht von Arbeitslosengeld am Leben erhalten wird. Wie weit dieser Prozess in diesem Land bereits fortgeschritten ist, liegt auf der Hand, denn etwa ein Viertel der Bevölkerung ist derzeit arbeitslos und die Ausgaben für die nationale Bildung sind nur etwa ein Viertel so hoch wie die für die Inhaber von Kriegsanleihen.

Vermögen als Flussgröße

Vermögen ist ein Fluss und kann nicht gespeichert werden. Es muss so ausgegeben werden, wie es anfällt, sei es für den Konsum oder für Investitionen, die dazu bestimmt sind, zukünftigen Wohlstand zu erzeugen. Was das Erste betrifft, so *ist Leben Konsum* von der Wiege bis zur Bahre, Konsum dieses unberührten Energieflusses, den wir der Sonne verdanken.

Die Bemühungen des Geldgebers und der Geldverleiher, das Leben mit der vereinbarten Soll- und Habenseite zu einer Bilanz zu machen, sind der Natur zuwider. Das Leben ist eine ständige Ausgabe von Vermögen und in diesem Punkt war Ruskin, und nicht der moderne Chrematist, absolut in Übereinstimmung mit der Wissenschaft. Und was den Zweiten betrifft, so sind die Investitionen doch Ausgaben genauso wie die Anderen – auch wenn sie darauf abzielen, den Vermögensfluss zu erhöhen, und zugegebenermaßen über einen bestimmten natürlichen Zeitraum, der nicht unendlich ist, erreichen sie dieses Ziel. Der Fluss des Vermögens ist somit geteilt, aber ein Teil wird sorgfältig gemessen und als Anhäufung der Kapitalverschuldung gegenüber der Gemeinschaft erfasst.

Wissenschaftler stellen sich in der Unschuld ihrer Herzen und dem Wohlwollen ihrer Seelen gerne vor, dass sie durch die Erhöhung der für das Leben verfügbaren Einnahmen der Gemeinschaft zugutekommen. Aber tun sie das? Je größer die Einnahmen und je größer der Strom, der über dem für den sofortigen Verbrauch erforderlichen Betrag liegt, desto größer sind die Schulden der Gemeinschaft und die Unmöglichkeit, dass sie jemals zurückgezahlt werden können. In der Zwischenzeit, obwohl das reale Vermögen bei Speicherung verrottet, werden die Zählerstände spontan verzinst und *endlos* erhöht.

Die Prinzipien und Ethik des menschlichen Verhaltens und der Konvention haben ihren eigenen Kodex und ihre eigenen Normen, aber was auch immer sie sein mögen, sie müssen sich an die Prinzipien der Thermodynamik halten und dürfen nicht gegen sie verstoßen. Ein Chauffeur mag eine Seele über dem Mechanismus seines Autos haben, aber wenn es ihn dazu brächte, es mit bereits verbrauchtem Benzin zu betreiben, würde er trotzdem als großer Esel angesehen werden.

Über den Zinseszins

Der Wucherer in Martin Luthers Zeit hatte den kolossalen Erfolg nicht erreicht, *die Welt zu täuschen, als ob er nützlich wäre und der Welt Ochsen schenkte*, den er heute behaupten kann. Der gelernte Ökonom scheint eine leichte Beute zu sein.

So scheint Herr J. M. Keynes in seinem Werk KRIEG UND FRIEDEN: DIE WIRTSCHAFTLICHEN FOLGEN DES VERTRAGS VON VERSAILLES ernsthaft zu denken, dass das Gesetz des Zinseszinses eher das Gesetz der Vermögensmehrung, als das der Verschuldung ist, und verrechnet es mit dem malthusianischen Gesetz des Bevölkerungswachstums!

»Eine geometrische Folge könnte eine andere ausgleichen, und das neunzehnte Jahrhundert wäre in der Lage, die Fruchtbarkeit der menschlichen Spezies in der Besinnung auf die schwindelerregenden Vorzüge des Zinseszinses zu vergessen.«

Für ihn ist Kapital eine riesige Ansammlung von Anlagevermögen, das *Gefahr läuft, im Krieg vorzeitig verbraucht zu werden*. Er vergleicht es mit einem Kuchen, der eines Tages, dank der schwindelerregenden Vorzüge des Wucherns, endlich groß genug sein kann, um ihn zu genießen.

»An diesem Tag würden Überarbeitung, Überbelegung und Unterernährung ein Ende finden, und die Menschen, die sich des Komforts und der Notwendigkeiten des Körpers sicher sind, könnten zur edleren Ausübung ihrer Fähigkeiten übergehen.«

Kuchen ist zufällig das Material, von dem zurecht gesagt wird, dass man ihn nicht essen und dennoch bewahren könne[VI] und ich würde vorschlagen, dass dies der eigentliche Grund für Herrn Keynes' etwas mystische Hinweise auf eine Besonderheit des Kapitals ist, das als angesammelter Kuchen betrachtet wird, dass dies *»nur in der Theorie so ist – die Tugend des Kuchens war (...), dass er nie konsumiert werden durfte.«*

In ähnlicher Weise haben wir Major Douglas und Herrn Orage, die sich für die Rettung des Wirtschaftssystems einsetzen, indem sie die schwindelerregenden Eigenschaften der Dividenden in die Reichweite der Vielen und nicht der Wenigen bringen. Ich will damit nicht andeuten, dass ihr System gegenüber dem jetzigen keine große Verbesserung darstellen könnte. In der Tat muss jedes System fast eine Verbesserung gegenüber einem System sein, das ausschließlich im Interesse der Gläubiger und nicht der Schöpfer und Verbraucher des Vermögens der Gemeinschaft verwaltet wird. Aber meine Analyse würde mich dazu bringen, ihren Vorschlag eher als temporäres Linderungsmittel zu betrachten, denn kein System, das auf Wucher basiert, kann stabil sein.

Es ist wundervoll, wie Menschen, die von der Wiege bis zur Bahre nie mit der Realität konfrontiert werden und ihr ganzes Leben lang eine rein künstliche Existenz in einer Stadt leben, die von jeglichem Kontakt mit der primitiven Natur getrennt ist, sich angewöhnen, anzunehmen, dass die Konventionen, die ihre Geschäfte und Lebensgrundlagen regeln, auf die Wirtschaft der Welt im Allgemeinen anwendbar sind. Es wäre zum Beispiel für jedes Mitglied der

---

[VI] A.d.Ü.: Im Original heißt es *„You cannot eat your cake and have it too"* – was die Inkonsequenz des Gedankens verdeutlichen soll.

Agrargemeinschaft, das an die Art und Weise gewöhnt ist, wie Vermögen wirklich produziert wird, völlig unmöglich, die Institution des Wucherns auf so naivem Wege anzubeten, oder für eine Arbeiterregierung, sich der Verwechslungen zwischen Vermögen und Schulden schuldig zu machen, die für orthodoxe Politiker derzeit charakteristisch sind. Wir haben in der bisherigen Regierungsvereinigung eine weitere Begründung für die bereits geäußerte Ansicht, dass die Gemeinschaft in ihrem Existenzkampf einer Armee ähnelt, die fast ausschließlich vom Feind befehligt wird. Sie bestehen fast ausschließlich aus denen, die von Miete, Zinsen und Gewinn leben und somit eher von den Einnahmen aus dem Vermögen der Gemeinschaft profitieren als zu diesen beitragen.

Man kann eine absurde menschliche Übereinkunft, wie die unbedingte Erhöhung der Schulden, nicht dauerhaft gegen das Naturgesetz der unerbittlichen Verringerung des Vermögens setzen. Dies gilt unabhängig davon, ob es sich um einen einfachen oder einen Zinseszins handelt, der die Erhöhung der Verschuldung regelt. Aus offensichtlichen Gründen ist das Zinseszinsgesetz über große Zeiträume selten noch vollständig in Kraft getreten. Aber die bedeutsame und beunruhigende Tatsache ist, dass dieses absurde Gesetz mit der Konzentration des Geldes in den Händen von Stiftungen und Finanzkonzernen heute dazu neigt, von Tag zu Tag mehr und mehr voll zu operieren.

Einige von Ihnen mögen vielleicht von der Geschichte über die Belohnung gehört haben, die der Mann, der dem Kaiser von China das Schachspiel beigebracht hatte, von diesem verlangte. Es sah bescheiden genug aus: Er wollte ein Korn Mais für das erste Feld des Schachbrettes, zwei für die zweite, vier für die dritte, acht für die vierte und so weiter in einer geometrischen Progression zum 64. Quadrat. Die Geschichte geht so weit, dass die erste Hälfte des Brettes leicht zu verantworten war, aber bevor drei Viertel so ausgeführt waren, musste der Kaiser sich lossagen, als seine Kuriere zu ihm zurückkehrten und ihm berichteten, dass es im Reich keine solche Menge an Getreide (tatsächlich 23 Millionen Tonnen) gab. Wäre die

Angelegenheit bis zum bitteren Ende, auf dem 64. Quadrat, gedrängt worden, wäre die Zahl der Körner um eines weniger als 2^{64}, nur etwa eine Million Tonnen, gewesen – mehr, als die heutige Weltbevölkerung in einem Zeitraum verbrauchen könnte, der länger ist als der, der durch die Geschichtsbücher abgedeckt ist. Dies ist das Gesetz des Zinseszinses.

Heute verdoppelt sich £1 der Schulden in etwa 12,5 Jahren und wird zu £1.024 in 125 Jahren und über eine Million Pfund in 250 Jahren zu 5,5% mit Zinseszins. Wenn dies die unvermeidliche Folge sein soll, dass Wissenschaftler den Wohlstand der Welt vergrößern, kann die Begeisterung für Wohltaten durchaus versiegen. Dennoch kann ein solches System der „Ökonomie" unter keinen anderen Bedingungen als einer ständigen Steigerung der Einnahmen durch wissenschaftliche Entdeckung aufrechterhalten werden, und dennoch gibt es für das 20. Jahrhundert, das so reich an Entdeckungen war wie das 19. Jahrhundert, kein Entkommen aus dem Ruin nach dem Gesetz des Wucherns und der Herrschaft durch den Wucherer.

Krieg als Ultima Ratio

Lassen Sie uns abschließend im Lichte der Analyse des Vermögens und der Vermögensproduktion, den Aspekt dieses verrückten Systems, das heute in den Köpfen vieler nachdenklicher Menschen an erster Stelle steht, und sein unvermeidliches Ende im Weltkrieg betrachten. Denken Sie daran, dass es unmöglich ist, zu sparen. Die Erträge aus dem Vermögen müssen verbraucht werden, da sie entweder in den Konsum oder in die Investitionstätigkeit fließen. Letzteres dient dazu, ein Anrecht an den zukünftigen Einnahmen zu sichern, indem mehr Waren oder Dienstleistungen produziert werden, aus denen ein Gewinn erzielt werden kann. Aber da die Massen den Gewinn nicht erhalten, können sie diese erhöhte Produktion nicht kaufen.

Es war die Entdeckung der klassischen Ökonomen, dass die Löhne die Kaufkraft sind, die notwendig ist, um das Arbeitskräfteangebot aufrechtzuerhalten, d. h. dem Arbeiter und seiner Familie Nahrung und Unterkunft in dem für diese Art von Arbeit notwendigen und üblichen Lebenszustand zu bieten. Die menschliche Arbeitskraft wird jetzt verbilligt, indem sie gegen die unendlich größere und fügsamere Macht der unbelebten Natur ausgespielt wird. Für einen kurzen Zeitraum, der jetzt zu Ende geht, wenn auch erst nach schrecklicher Not und Leiden, fanden die vertriebenen Arbeitskräfte letztendlich aufgrund des gestiegenen Anteils der für Investitionen bestimmten Einnahmen einen Absatzmarkt.

Aber die Welt füllt sich. Ihre Märkte, die sich zunächst für die Überproduktion der Industrieländer im Austausch für Lebensmittel öffnen, schließen sich im Laufe der Zeit. Es entsteht der schärfste internationale Wettstreit um die Märkte, und für die Industrieländer ist die Rüstung als Produkt des Maschinenbaus das Einzige, was sich in nahezu grenzenloser Fülle realisieren lässt. Aber Rüstung und Krieg produzieren keine Lebensmittel. Sie bestimmen lediglich die Verteilung zwischen den konkurrierenden Nationen und neigen dazu, die Macht der Nahrungsmittelproduktion so weit zu zerstören, dass selbst die Sieger zu den eigentlichen Verlierern gehören. Hierin war Ruskin seiner Zeit wieder weit voraus. Er allein scheint genügend Aufrichtigkeit des Denkens und Kraft gehabt zu haben, durch die Konventionen der Gesellschaft in die Tiefe zu dringen, um zu erkennen, dass das Ziel im rasenden Streben nach Gewinn im physikalischen Sinne illusorisch war.

»Das Kapital ist eine Wurzel, die nicht in die Lebensfunktion eintritt, um Früchte zu bringen. Das Kapital, das nichts als Kapital produziert, ist die Wurzel, die die Wurzel produziert, die Zwiebel, die aus der Zwiebel, nie in die Tulpe wächst. Die politische Ökonomie Europas hat sich bisher der Vermehrung von Zwiebeln verschrieben. Sie hat nie so etwas wie eine Tulpe gesehen oder sich vorgestellt. Nein! gegossene Zwiebeln, hätten es sein können, Glaszwiebeln –

Prinz Ruperts Tropfen um in Pulverform zu enden – nur gut, wenn es Glaspulver und nicht Schießpulver gewesen wäre.«[VII]

Ich behaupte nicht, in meinen eigenen Schlussfolgerungen weiter gekommen zu sein, als dass die Herrschaft des Wucherwesens in politischen und sozialen Angelegenheiten unmöglich geworden ist und dass sie enden muss. Während einer Zeit der Ertragsausweitung oder bevor die Zinslast auf die Erträge aus akkumulierten Schulden der jährlichen Expansion gleichkommt, kann er ein effizienter, wenn auch brutaler, Zuchtmeister sein, und der Reiz des privaten Zinses und Gewinns kann ein sicheres Prinzip anstelle einer Regierung sein. Aber in einer Zeit wie der heutigen, in der die Wucherer der Welt, wenn sie um ihre Erwartungen betrogen werden, wie Shylock auf ein Pfund Fleisch neben dem Herzen bedacht sind, ist ihre Anmaßung und Sinnlosigkeit offensichtlich, und eine Form der Regierung nach wirtschaftlichen und nicht nach chrematistischen Prinzipien wird wieder aufgenommen werden müssen.

Die Energiegesetze, nach denen die Menschen leben, liefern eine intellektuelle Grundlage für Soziologie und Ökonomie und machen einige der Hauptursachen für das Scheitern nicht nur unserer eigenen, sondern, wie ich denke, auch jeder vorangegangenen großen Zivilisation deutlich. Sie enthalten nicht die ganze Wahrheit, aber soweit sie in Physik und Chemie korrekt sind, können sie unmöglich falsch sein.

Ich denke, dass sie mit nur geringer Ausweitung und Anpassung einen gemeinsamen wissenschaftlichen Ausgangspunkt liefern könnten, von dem aus alle Menschen, die sich mit der Öffentlichkeit und nicht mit ihren eigenen privaten Interessen befassen, beginnen würden, die Welt wieder aufzubauen, und zwar in Übereinstimmung mit

---

[VII] A.d.Ü.: Im Original steht hier das Zitat von Ruskin: »*Nay, boiled bulbs they might have been - glass bulbs – Prince Rupert's drops, consummated in powder (well if it were glass-powder and not gunpowder).*« Gemeint sind hier kleine, ausgezogene Glastropfen, auch Batavische Tropfen genannt, die durch die Art ihrer Herstellung derart unter Spannung stehen, dass sie beim Abbrechen der Spitze zu Glasstaub zerspringen. Das dicke Ende dieser Glasträne kann man mit hoher Druckkraft belasten; sobald man aber das dünne Ende auch nur etwas beschädigt, bringt die starke innere Spannung die Träne zum Zerspringen. Das Material hatte Anfang des 20. Jahrhunderts noch einen weiten Bekanntheitsgrad und der Effekt wurde noch oft zitiert.

den großen intellektuellen Errungenschaften, die die Gegenwart auszeichnen. Der erste Schritt zu einer solchen wissenschaftlichen Utopie wäre die fällige Beschränkung der Rechte der Kreditgeber der Gesellschaft – die Eindämmung des Schuldendämons, der unter den Unwissenden als Vermögen verkleidet wird.

Nachwort des Übersetzers

Wir sehen nach einhundert Jahren nicht nur auf die Lebensleistung von Frederick Soddy in Bezug auf seine Arbeiten in der Radiochemie zurück, sondern auch auf seine zwei im November 1921 gehaltenen Vorträge zu naturwissenschaftlichen Grundlagen der Ökonomie, die im Folgejahr unter dem Namen CARTESIAN ECONOMICS zusammengefasst und veröffentlicht wurden. In diesen Ausführungen weist Soddy auf die fundamentalen Schwachstellen unseres Wirtschaftssystems hin und bemüht sich um eine Lösung des Problems.

Diese beiden Auftritte sind gewissermaßen der Startschuss für sein ökonomisches Konzept, das Soddy an entscheidender Stelle vorträgt: *Birkbeck* ist ein bereits seit 1823 bestehendes, elitäres College der *University of London*. Persönlichkeiten wie der britische Sozialist, Wirtschaftswissenschaftler und Reformer Sidney James Webb (1859–1947) und der erste Premierminister der Labour Party Großbritanniens Ramsay MacDonald (1866–1937) studierten am *Birkbeck College* und waren Mitbegründer der *London School of Economics*. Das *College* hat bis heute eine Reihe von bekannten Persönlichkeiten – wie den Philosophen Slavoj Žižek und den Mathematiker und Physiknobelpreisträger Roger Penrose – unter ihren Lehrern. Das zweite intellektuelle Zentrum Londons und damaliger Vortragsort war die *London School of Economics*, die 1894 aus einer Gruppierung diverser Mitglieder der Fabian Society gegründet wurde, um durch Forschung und Bildung, also eher mit graduellen als revolutionären Methoden, eine moderne sozialistische Elite für Wirtschaft und Politik heranzubilden. Sie war für die britischen Intellektuellen des Fin-de-Siècle ein wichtiges Forum für sozialistische und kulturelle Debatten.

Schon bald nach ihrer Gründung im Jahr 1884 zog die Fabian Society zahlreiche prominente Persönlichkeiten an, die sich für ihre Sache einsetzten, darunter George Bernard Shaw und H. G. Wells. Der „Fabianische Sozialismus“ setzt auf schrittweise Veränderungen über einen langen Zeitraum hinweg, um einen Staat langsam umzugestalten, im Gegensatz zu einer gewaltsamen Revolution, womit man sich gegen die Marxisten abgrenzte.[i] Angeregt durch die liberalen Reformen der frühen 1900er Jahre setzte sich die Society für einen Mindestlohn, ein nationales Gesundheits- und Bildungssystem und die Abschaffung des erblichen Adels ein. Auch eine Verstaatlichung von Land wurde in Betracht gezogen, da man der Meinung war, dass die von den Grundbesitzern erhobenen Pachten unverdient seien – eine Idee, die sich stark an den Arbeiten des amerikanischen Ökonomen Henry George (1839–97) orientierte.

Beide Lehr- und Forschungsstellen sind ideal für Soddys Ideen, da nicht nur direkte Kontakte zu der intellektuellen Elite im Süden Englands bestanden, sondern auch eine Tradition der Erneuerung im Sinne des Sozialismus. Hier tritt Soddy also als Mittvierziger mit einem ganz neuen Vorhaben selbstbewusst auf und fasst seine bisherigen Erkenntnisse aus der Beschäftigung mit sozio-ökonomischen Fragen zusammen. Allerdings wird sich im Laufe der Zeit seine Anlehnung an sozialistische Ideale verringern, Soddy bleibt immer ein um Neutralität bemühter Wissenschaftler und ein Wanderer zwischen den Gesellschaftskonzepten.

Soddy ist einer der ersten führenden Wissenschaftler seiner Zeit, die sich für die sozialen Auswirkungen ihrer Arbeit interessieren. Wo andere Forscher sich mit der Sichtweise zufriedengeben, dass alle wissenschaftlichen Errungenschaften – je nach Lage – als Werkzeug oder Waffe verwendet werden können, fühlt Soddy eine Verantwortung für das Wohl der Gesellschaft und der Menschheit. Er nimmt einen Rang ein mit anderen Forschern, die sich in ihrem

---

[i] Der subversive Charakter des Fabian-Projekts wird durch eine Glasmalerei veranschaulicht, welche die Fabian-Führer Pease, Webb und Shaw zeigt, wie sie auf einem Amboss eine neue Welt schmieden – unter dem Motto ‚REMOULD IT NEARER TO THE HEART'S DESIRE' des Dichters Omar Chayyām – während andere Fabianer andächtig vor einem Stapel von Schriften knien. Im Hintergrund ist dabei auch das ursprüngliche Emblem mit einem Wolf im Schafspelz, der eine Fahne mit den Buchstaben F.S. hält, zu erkennen. Später war das internationale Symbol der Fabian Society eine mürrisch dreinblickende Schildkröte mit dem Motto: „*When I strike, I strike hard.*" Diese bildlichen Darstellungen sind heute jedoch längst durch ein unverfängliches Text-Logo ersetzt.

Leben mit sozialen Fragen beschäftigen, wie der Nobelpreisträger für Physik Patrick Blackett (1897–1974) und der Naturwissenschaftler John Desmond Bernal (1901–71), der ab 1937 einen Lehrstuhl für Physik am Birkbeck College innehatte und einen Großteil seiner Arbeit den Verbindungen zwischen Gesellschaft und Wissenschaft widmete sowie viele Jahre lang Präsident im Präsidium des Weltfriedensrates war.

Soddy wird hauptsächlich von Arthur Kitson und John Ruskin inspiriert und stellt fest, dass die Hauptwirkung der wissenschaftlichen Fortschritte bislang darin bestand, wenige Menschen immer reicher zu machen, während die Masse der Arbeiter, trotz aller wissenschaftlichen und technischen Fortschritte, eher eine Verschlechterung ihrer Lebensumstände erlebten, was die Umstände der Industriellen Revolution, die er in Glasgow wahrnimmt, bestätigen.

Soddy erkennt, dass es einen grundsätzlichen Konflikt zwischen den Wissenschaftlern, die der Allgemeinheit dienen, und den Ökonomen gibt, deren Verständnis von Vermögen sich oftmals darauf beschränkt, Kapital auch auf Kosten einer zunehmenden Verschuldung der Gesellschaft wachsen zu lassen, bzw. diesen Widerspruch gar nicht erst erkennen. Er sieht die Arbeit der produktiven Menschen als Vermögen und die automatisch zu einer immer höher werdenden Verschuldung führende Wucherwirtschaft nicht als den Aufbau, sondern als den bloßen Diebstahl der hergestellten Vermögenswerte. Für Soddy lag darin eine Verhöhnung der Menschen, dass ein Schuldenwachstum, welches durch die Bezahlung der Schuldzinsen fortlaufend das erarbeitete Vermögen raubt, als normales Vorgehen angesehen wurde. Er bezeichnet dies mit dem griechischen Begriff „Chrematistik“, den er später nochmals in seinem Werk WEALTH, VIRTUAL WEALTH AND DEBT weiter ausführt, und mit dem der Aspekt des Profitstrebens im Handel hervorgehoben wird.

Wie im zweiten Vortrag hergeleitet wird, sind Profite aber immer nur in der Produktivität möglich, nicht im Handel oder im Geldverleih, wo es um Fragen der Verteilung von Geld und Ware geht. Wenn heute noch davon gesprochen wird, dass der Kapitalismus die

Menschen „aus der Armut“ geführt habe und durch Streben nach Besitz und Wohlstand kreative Kräfte freisetze, so muss dieser Vorstellung mit dem Hinweis begegnet werden, dass es diese Entwicklung nicht *durch,* sondern *trotz* der Eigenschaften des Kapitalismus gegeben hat. Wie weit wäre die Menschheit wohl ohne Profitstreben und die daraus resultierenden Konflikte erst gekommen?

Soddy weist darauf hin, dass der Zugang zu den fossilen Energiequellen von Kohle, Öl und Gas dafür entscheidend waren, eine nie gekannte Produktivität durch die Mechanisierung und Maschinisierung zu entfesseln. Hinzu traten Konzepte der Arbeitsteilung, der Massenfertigung und die Effekte der wissenschaftlichen Forschung, die in Industrie und Landwirtschaft ungeahnte Steigerungen bewirkten. Der Lebenskomfort und die hohe Gesundheit der „industrialisierten“ Völker und das Entwicklungspotenzial des Individuums in diesen Gesellschaften sind allein aufgrund dieser Effekte vorstellbar – eines Kreditgeldsystems und dem privaten Gewinnstreben aus Warenhandel und Geldverleih hätte es dazu gar nicht bedurft. So werden die erreichten Erfolge nun, dafür öffnet Soddy uns auch die Augen, seit einhundert Jahren zu großen Teilen wieder in neo-feudale Strukturen abgezogen und für weite Teile der Bevölkerung zunichte gemacht.

Soddy erkennt das Grundproblem: In der Situation einer systemischen Notwendigkeit der Kreditaufnahme auch noch einen Zins zu berechnen, gibt den Vorteil des Systems automatisch an die Banken und nicht an die wirtschaftenden und produktiv arbeitenden Menschen. In einem Kreditgeldsystem müssen die Guthaben immer gleich groß wie die vorhandenen Schulden sein, weswegen bis heute kein Vermögenswachstum ohne Schuldenwachstum möglich ist.

Und so definiert auch Soddy, nach der Auseinandersetzung mit den Ideen von Major Douglas, dass die von den produktiven Menschen geleisteten Abgaben (damit meinte er Zins- und Steuerzahlungen zusammengenommen) nur der Höhe ihrer Einnahmen folgen dürften, nicht der Höhe der Schulden, da jene mit dem Zins automatisch wachsen, somit einen immer größeren Anteil der

Einnahmen der arbeitenden Menschen einfordern und auf Dauer nur Armut bewirken können. Aus seiner Definition, dass Vermögen das ist, was durch Arbeit und Wissenschaft geleistet wird, und nicht das, was durch Schulden gefordert werden kann, geht hervor, dass die immer weiterwachsenden Schulden Vermögen rauben und nicht Vermögen aufbauen. Der offizielle Vermögensbegriff stellt die korrekte Vorstellung von Vermögen nach Ansicht Soddys also auf den Kopf. Der durch unser Zinsgeld entstehende Zinseszins mehrt also nicht das Vermögen, sondern mehrt nur die Schulden. Kreditgeber eines solchen Geldes schaffen also kein Vermögen, sondern parasitieren nur an denen, die durch Arbeit ständig Vermögen schaffen.

In ganz zentraler Weise legt Soddy dar, wie sehr das automatische, vorprogrammierte Schuldenwachstum gegen die Naturgesetze verstößt und etabliert damit den Ansatz einer naturwissenschaftlichen Ökonomie: Alle Ernte aus der Natur wird mit dem Verstreichen der Zeit immer weniger wert, während Geldbeträge immer mehr wachsen sollen. Es ist der zum Zinseszins führende Zins, der direkt wider die Natur läuft. Entsprechend kann kein System, das auf Wucher (Zins und Zinseszins) basiert, jemals stabil und ökologisch nachhaltig sein. An den weltweiten, zahllosen Geld- und Umwelt-Krisen der letzten Jahrzehnte ist leicht abzulesen, wie richtig Soddy mit diesem Einwand lag – und auch nicht allein damit war.

Während er unser Geldsystem, welches Geld nur gegen eine zinspflichtige Schuld in Umlauf bringt, klar als die Ursache von Verarmung, Konflikten und letztlich Kriegen herausarbeitet, ist er bei den Lösungsvorschlägen nicht bis zum Ende durchgehend klar und schlüssig. Er teilt damit das Schicksal aller bisherigen Wirtschaftstheoretiker, die sich allzu sehr auf einige wenige ökonomische Faktoren konzentriert haben. So bleiben wesentliche Grundlagen des ökonomischen Lebens unberücksichtigt und die Tücke liegt insbesondere darin, dass nicht eine Maßnahme allein die wesentliche Änderung zu einer Verbesserung der wirtschaftlichen Ordnung sein kann. Nur in einem aufeinander abgestimmten Verbund von Maßnahmen kann eine stabile und gerechte Ökonomie funktionieren.

Soddy hatte einige Konzepte zusammengebracht, wie die Vorstellung des „Virtual Wealth“ und des „Wealth in the Pipes“, sowie die Berücksichtigung der Faktoren von Energie (Regeln der Thermodynamik) und des Zinses. Darüber hinaus ist seine Kritik an der Macht der Finanzindustrie und der großen Bankhäuser sehr zielgerichtet.

Was seinen Auslegungen vielleicht fehlt, ist eine gründlichere Auseinandersetzung mit den etablierten Ökonomen wie Keynes (wobei damals vielleicht noch nicht absehbar war, dass dessen Schriften so prägend sein würden) und anderen Sozialreformern, die auch die Frage des Bodens berücksichtigen, wie Henry George. Für Keynes hatte Soddy nur kurze, launische Kommentare übrig und man liest zwischen den Zeilen, dass er ihn aus naturwissenschaftlicher Perspektive nicht ernst nehmen konnte und ihm vorwarf, Schulden mit realen Vermögenswerten gleichzusetzen.

In Bezug auf die Geldschöpfung lagen Soddys Ideen nahe denen von Silvio Gesell, wobei dieser die Frage des Bodenwertes ganz zentral positioniert. Beide treten jedenfalls dafür ein, dass eine staatlich bestimmte und demokratisch kontrollierte Einrichtung das Geld schöpfen solle, wobei Soddy sehr viel Wert auf die Stabilität des Geldes legt und dieses Ziel über das Konzept eines Warenkorbindex erreichen will. Gesell hatte mehr ein Fließgleichgewicht im Sinn, wobei eine Umlaufsicherung die Aufgabe des Geldes darin priorisiert, als Vermittler der Waren zu dienen. Soddys Vorhaben, ähnlich den Zielen von Irving Fisher, den Banken eine hundertprozentige Reservehaltung aufzuerlegen und weiterhin Kredite gegen Zinszahlungen vergeben zu lassen, entspricht der heutigen *„Vollgeld-Initiative“*. Diese Idee würde jedoch die Kosten der Banken erhöhen und sie zwingen, höhere Zinsen zu nehmen, da sie selbst für die gehaltene Reserve den Sparern einen Sparzins zahlen müsste. Das Problem der Umverteilung über den Zinseszins bliebe ungelöst, was daran liegt, dass dieser nicht allein von den Banken ausgeht, sondern von den Privatvermögen der Allgemeinheit, welche ihr Geld nur investiert, wenn sie eine Verzinsung erwarten kann.

Soddys Vorgehensweise, über ein wissenschaftlich-statistisches Amt die Kaufkraft überprüfen zu lassen und anhand eines Indexes die Lebenshaltungskosten zu ermitteln, wird im Prinzip von den Zentralbanken unserer Zeit ebenso verfolgt. Sie sind jedoch nicht erfolgreich damit und beabsichtigen auch gar nicht, einen stabilen Geldwert zu schaffen, sondern sind stets auf eine schleichende Inflation aus, um das Gespenst der Deflation zu bannen, welche viel zerstörerischer wäre als die Inflation: Wenn eine auch nur leichte Deflation einsetzt, halten die Konsumenten ihr Geld zunächst zurück, weil sie auf weiter fallende Preise spekulieren. Dadurch müssen die Preise dann auch weiter fallen, weil die Unternehmen gezwungen sind, ihre Produkte zu verkaufen, um bloß die Investitionskosten zu erlösen. Unternehmen haben langfristige Verträge mit Angestellten und Zulieferern und gehen bei sinkenden Preisen schnell in die Insolvenz. Eine einmal einsetzende Deflation kann also rasch zu einer ausgewachsenen Wirtschaftskrise führen und selbst durch eine massive Geldausweitung dann nicht so leicht gestoppt werden. Die Zentralbank entscheidet somit nicht über das Kaufverhalten der Konsumenten, wenn diese erst einmal auf weiter fallende Preise setzen und ihr Geld zurückhalten. Könnte eine massive Geldausweitung die Deflation schließlich stoppen, geschähe dies zu dem hohen Preis einer stark erhöhten Inflation, sobald das gehortete Geld zusätzlich wieder in Umlauf kommt. Der Versuch, den Geldwert stabil zu halten, führt bei unserem Zinsgeld also nur zu einem massiven Pendeln zwischen Deflation und Inflation. Die stattdessen gewählte schleichende Inflation bannt sowohl die Deflationsgefahr, als auch das massive Pendeln zwischen Deflation und Inflation und ist über eine gewisse Zeit in einem von Natur aus instabilen Zinsgeldsystem als dienliche Maßnahme anzusehen.

In CARTESIAN ECONOMICS gelangt Soddy zunächst auf folgende Schlussfolgerungen, die noch einen sozialistischen Unterton tragen: Zum einen, dass die Rechte der Kreditgeber beschränkt werden müssen und zum anderen, dass Schulden von Seiten der Gläubiger nicht mehr als Vermögen deklariert werden dürfen. Beides erscheint zunächst nachvollziehbar, hat jedoch kaum praktischen Nutzen, denn auch bei einem zinsfreien und zu hundert Prozent gedeckten Kredit möchte der Kreditgeber sein Geld zurückbekommen und benötigt eine Sicherheit, falls der Kredit nicht zurückgezahlt werden kann. Das Recht der Kreditgeber auf veräußerbare Sicherheiten ist also notwendig und auch nicht von Übel, wenn der Kredit nicht zu Zinszahlungen führt, die den Kreditnehmer in Gefahr bringen, seinen Kredit nicht zurückzahlen zu können und sein als Sicherheit gegebenes Vermögen zu verlieren. Wenn Kredite nicht zur Zahlung von Schuldzinsen führen, ist es also nicht erforderlich, die Rechte der Kreditgeber einzuschränken.

Zum anderen ist es, wenn Menschen Geld erarbeiten und dann verleihen, durchaus richtig, ihnen das geschuldete Geld als Vermögen zu deklarieren. Nur wenn die Kredite mit Schuldzinszahlungen verbunden sind, verlieren Schulden ihren Anspruch, ein Vermögen der Gläubiger darzustellen und werden zum Raub von Vermögen, welches das Vermögen der Kreditnehmer auf die Kreditgeber umverteilt. Wenn es also nur der Schuldzins ist, der Vermögen raubt und keine Rechte eingeschränkt werden müssen, sobald ein Kredit nur zinsfrei ist, wie erreicht man dann, dass die Inhaber der Geldvermögen ihr Geld gerne und stetig verleihen, auch wenn sie keinen Zins dafür bekommen?

Die Lösung dieses Grundproblems wurde von Silvio Gesell (1862–1930), einem Zeitgenossen Soddys, gefunden. Obwohl Soddy in seinen Werken die Ideen Silvio Gesells anspricht, scheint er daran keinen Gefallen gefunden zu haben. Dies lag vermutlich daran, dass Gesell einen negativen Zins bzw. eine „Umlaufsicherungsgebühr" oder „Haltegebühr" vorgeschlagen hatte. Manipulation an der Währung war Soddy aber ein Gräuel und lief seinem Wunsch nach stabilem Geldwert und bleibender Kaufkraft entgegen. Ansonsten hätte er erkannt, dass die praktischen Vorschläge Gesells zur Geldzirkulation all die Probleme lösen können, die Soddy so genau herausarbeitet hat und so gerne gelöst gesehen hätte; insbesondere, wo er doch als zentrale Idee den stetigen Fluss von Energie und Vermögenswerten als „Wealth“ definierte, woraus Wohlstand resultiert.

Bei Gesell versieht die Zentralbank das ausgegebene Geld mit einer Umlaufsicherungsgebühr, die regelmäßig vom jeweils aktuellen Inhaber eines Geldscheins gezahlt werden muss. Da niemand diese Gebühr zahlen möchte, wird ein solches Geld sowohl rasch zirkulieren als auch zinsfrei verliehen werden – unter der Voraussetzung, dass diese Gebühr die angemessene Höhe hat, welche bei nicht mehr als etwa 4–6% p. a. liegen dürfte.

Es gibt bei zinsfrei fließendem Geld keine Deflationsgefahr, weil bei einer Spekulation auf sinkende Preise zu hohe Kosten angesichts der für die Geldscheine (oder Giralguthaben) fälligen Umlaufsicherungsgebühr anfallen. Die spekulationsbedingte Hortung würde also zu viel Geld kosten. Dadurch kann die das Geld emittierende Stelle die Geldmenge so kontrollieren, dass weder Inflation noch Deflation auftreten. Ohne Deflationsgefahr kann die Ausgabe der richtigen Geldmenge auch die Inflation fernhalten. Eine schleichende Inflation, wie wir sie heute brauchen, ist dann nicht mehr erforderlich.

Wenn die Vermögenden ihr Geld zinsfrei verleihen, um der Umlaufsicherungsgebühr zu entgehen, führt eine Kreditaufnahme nicht mehr zu einer Umverteilung. Ohne die Umverteilung über den Zins bleibt das gesamte von den produktiven Menschen erarbeitete Vermögen bei eben jenen produktiven Menschen. Die Kreditgeber wiederum verlieren nichts: Sie bewahren den Wert ihres Geldes, weil sie durch die Kreditvergabe der Umlaufsicherungsgebühr entgehen. Die Wirtschaft ist nicht gezwungen zu wachsen, weil sich die Geldmenge ohne Wohlstandsverlust auch an eine schrumpfende Wirtschaftslage anpassen kann. Wenn alle Menschen ausreichend versorgt sind, kann die Wirtschaft schrumpfen und die erwirtschafteten Vermögenswerte instand halten bzw. durch Innovationen wieder einen neuen Wachstumsschub beginnen.

Zwischen den beiden ganz entscheidenden, ökonomisch nutzbaren Polen, der Sonnenenergie einerseits, die Soddy richtig als Quelle aller Lebensvorgänge identifizierte, und den Ressourcen des Bodens andererseits, liegt das Geldsystem an einer zentralen Stelle. Die Frage steht nun im Raum, ob sozialistische Ideen, wie sie Soddy zunächst verfolgte und später wieder fallen ließ, zu einer Verbesserung führen. Vermutlich gingen Soddy die Eingriffe des Staatswesens, das er als hoffnungslos korrumpiert betrachtete, zu weit. Pläne zu einer Enteignung sind auch nicht nötig, solange der Staat sich auf dem Boden einer naturwissenschaftlichen Ökonomie bewegt und drei wesentliche Punkte anerkannt werden: Dass die Sonnenenergie niemandem gehören kann, der Boden im Prinzip aber allen, die darauf leben und das Geld eine Einrichtung der Gemeinschaft bleibt und kein Privatvergnügen wird. Insofern können Erträge aus dem Besitz von Geld und Boden so ausreichend besteuert werden, dass die Interessen der Gesellschaft und des Individuums einen Ausgleich finden. Eine Enteignung oder die Abschaffung des Privatbesitzes ist nicht erforderlich. Es geht im Kern auch nicht um die „Überwindung des Zinssystems", denn auch in der *Natürlichen Wirtschaftsordnung* nach Gesell bleibt der Zins selbstverständlich als nützlicher Allokationsmechanismus zwischen Kreditangebot und -nachfrage erhalten. Dabei wird jedoch die sogenannte „Zinstreppe" auf ein bestimmtes Niveau gesenkt, auf dem der (Ur-)Zinsanteil (Liquiditätsverzichtsprämie) durch die staatliche Liquiditätsgebühr (konstruktive Geldumlaufsicherung) auf alles Zentralbankgeld neutralisiert wird. In einer solchen gerecht funktionierenden Ökonomie kann die zinsbedingte Ausbeutung der produktiven Menschen verhindert werden, wie Soddy forderte. Hinzufügen müsste man seinen Plänen lediglich die in der sogenannten „Freiwirtschaftlichen Geldreform" auch enthaltene „Bodenreform", indem dieser nach Ertrag besteuert wird. Auf diese Weise sind zwei wesentliche Knappheitsrenten aus stark nachgefragten Gütern nicht mehr möglich, nämlich aus Geld und Boden. Beiden ist zu eigen, dass eine Verwaltung in öffentlicher Hand die Bedürfnisse der Gesellschaft am besten im Blick halten kann. Auch würde bei dem Greifen einer Haltegebühr auf Geld sofort der Boden als Kapitalanlage und Spekulationsobjekt in den Fokus geraten, was unbedingt vermieden werden sollte.

Sobald die Marktwirtschaft dermaßen vom Privatkapitalismus – also der Ansicht, man könne Boden und Geld für sich, inklusive aller Erträge, reklamieren – befreit ist, können *verdiente* Knappheitsgewinne aufgrund technologischer und kultureller Innovation nicht mehr durch *unverdiente* Knappheitsgewinne (Zinsen und private Bodenrenten) vereinnahmt werden. Damit wird das wieder erreicht, was Ludwig Erhard im Sinn hatte, wenn er von einer Sozialen Marktwirtschaft spricht: *„Ich meine, dass der Markt an sich sozial ist, nicht dass er sozial gemacht werden muss.“* Aber dafür müssen eben die Grundlagen geschaffen werden, um darauf nicht nur die gerechteste, sondern auch die innovativste Wirtschaftsform zu errichten, in der sich der eigenverantwortliche und kreative Mensch frei entfalten kann.

Auch die zweite wesentliche Erkenntnis Soddys ist damit aktuell wie nie zuvor: Die Begrenztheit der fossilen Rohstoffe, die eine weitere Expansion unseres Wirtschaftssystems – sei es mit oder ohne Klimaerwärmung – unmöglich macht, ja sogar den Status Quo kaum noch erhalten kann. Die Umgestaltung in eine nachhaltige Wirtschafts- und Lebensweise ist dringend auf Innovationen angewiesen und darf sich nicht auf dem Erhalt alter Monopole ausruhen bzw. diesen verhaftet sein. Mit den Vorschlägen von Soddy und Gesell kann nicht nur die Finanzwirtschaft, sondern auch die ökologische Ökonomie auf ein brauchbares Fundament gestellt werden. Die Beseitigung des Urzinses beendet den quantitativen Wachstumszwang sowie den Verschuldungszwang und führt zu einem grundsätzlich geänderten Verhältnis von Kultur und Natur durch den Wegfall der Rentabilitätshürde: Regenerative Energien verdrängen auch ohne Subventionen die fossilen Energien; innovative, mittelständische Unternehmen werden konkurrenzfähiger als Konzerne; Recycling wird wirtschaftlicher als Raubbau und Müllhalden; Individualität und Vielfalt ersetzen Vermassung und Eintönigkeit.

Wenn man all dies bedenkt, erkennt man in Frederick Soddy nicht nur den Sozialisten, denn sozialistische Systeme neigen leider allzu leicht zu autoritären oder totalitären Ausprägungen. Soddy war

Individualist, wie er oft genug betonte und wünschte sich eine liberale Gesellschaft, in der sich der Einzelne seinen Anlagen gemäß frei entfalten und entwickeln kann. Und nicht zuletzt war er von einem großen Konservatismus geprägt, was die Lektüre seiner Werke bis heute so interessant und anregend macht, weil er aus Klassikern der Kunst und Literatur aber auch der Religionsgeschichte in reichem Maß zitieren konnte.

Gerechtigkeit war ihm wichtiger als eine absolute Gleichheit; Freiheit und Privateigentum lagen ihm näher, als die totale Vergesellschaftung; die Verantwortung des Einzelnen für die Organisation seines Lebens eher, als die kollektiv organisierte Verantwortungslosigkeit; eine nationale Identität durch den Ausdruck gemeinsamer Werte und Ziele zu bestärken und diese in einem internationalen Kontext als interessante Eigenheit gegenüber anderen Nationen zu kultivieren, anstatt eines Globalismus der Konzerne, die alle nationalen Identitäten schleift.

Mit diesen Ideen ist Soddy als „Wanderer zwischen den Welten der Gesellschaftssysteme und den Welten der Wissenschaft" auch heute wieder modern und lesenswert.

Philipp Kapp, im August 2021

Über die Autoren

Helmut Federmann ist Diplom Volkswirt. Nach dem Studium der VWL an den Universitäten Tübingen und Mannheim und einem Nachdiplomstudium in Finanzwissenschaften an der Uni Konstanz, einige Zeit Assistententätigkeit für den Vorstand einer Versicherungsgesellschaft. Danach Referendariat und Prüfung für den höheren Verwaltungsdienst einer Bundesbehörde. Mehr als 25 Jahre Projektleitertätigkeiten in nationalen und internationalen IT-, Finanz-, und Organisationsprojekten der Telekommunikation sowie im Auswärtigen Amt. Seit mehreren Jahren Engagement als Referent und Autor für Fragen der Postwachstums-Ökonomie und gesellschaftspolitischer Gestaltung auf der Plattform *wachstumswende.de*. Mitglied im Forum Ökologisch-Soziale Marktwirtschaft (FÖS).

Philipp Kapp ist Arzt und Verlagsgründer. Studium an der HU Berlin und der Universität Heidelberg. Promotion 2004 bei Prof. Eckart, Heidelberg, über die Medizin im Ersten Weltkrieg. Zunächst Tätigkeit in einem Stuttgarter Medizinverlag, später Facharztausbildung in Innerer Medizin. Seit der Finanzkrise 2008/09 private Studien zum Finanz- und Gesellschaftssystem. Gründung des Verlages ISOTOPE Media 2020 zur Bearbeitung von Fragen gesellschaftlicher Erneuerung.

Weitere Übersetzungen zentraler Werke von Frederick Soddy sind in Vorbereitung:
Vermögen, virtuelles Vermögen und Schulden
Die Rolle des Geldes
Geld vs. Mensch

Über ISOTOPE MEDIA

Dieses Buch stellt die zweite – nicht minder wichtige – Publikation des Verlages dar. Standen bei der Erstveröffentlichung mit dem Werk DER MENSCH JESUS noch die ›Innere Freiheit‹ und die Religionskritik im Fokus, wird nun das Thema ›Äußere Freiheit‹ mit der Systemkritik von Frederick Soddy aufgegriffen, dessen wacher Geist und Gerechtigkeitssinn maßgeblich sind. Auch sein Konzept der Isotopie, der Vergänglichkeit instabiler Nuklide, ist prägend für das Verlagskonzept.

Der Anspruch des Verlages, dem Menschen eine Vorstellung sowohl innerer als auch äußerer Freiheit zu vermitteln, bezieht sich auf die Akzeptanz der Vergänglichkeit. Im Wesentlichen geht es um die Überwindung aller Anhaftung, nicht nur materiell verstanden, sondern auch in Form mentaler Konditionierungen, um den Kern des Menschlichen zu finden.

Die Isotope Philosophie sieht den individuellen Menschen im Mittelpunkt seiner vergänglichen Welterfahrung. Dieser bildet sich seine persönliche ›Isotopie‹ im Gegensatz zu den kollektivistischen Konzepten von ›Utopie‹ und ›Dystopie‹.

Der Verleger